U0180721

·Contributions to the Founding of the Theory of Transfinite Numbers·

康托的工作可能是这个时代所能夸耀的最伟大的工作。

——罗素（B. Russell，1872—1970）

康托的集合论"是人类纯粹智力活动的最高成就之一"。

——希尔伯特（D. Hilbert，1862—1943）

康托的超穷数理论是"数学思想最惊人的产物，在纯粹理性的范畴中人类活动的最美的表现之一"。

——希尔伯特（D. Hilbert，1862—1943）

康托的不朽功绩，在他敢于向无穷大冒险迈进，他对似是而非之论、流行的成见、哲学的教条等，做了长期不懈的斗争，由此使他成为一门新学科的创造者。这门学科（集合论）今天已经成为整个数学的基础。

——柯尔莫哥洛夫（A. Kolmogorov，1903—1987）

本书列入"十四五"国家重点图书出版规划

科学元典丛书

The Series of the Great Classics in Science

主　　编　　任定成

执行主编　　周雁翎

策　　划　　周雁翎

丛书主持　　陈　静

　　科学元典是科学史和人类文明史上划时代的丰碑，是人类文化的优秀遗产，是历经时间考验的不朽之作。它们不仅是伟大的科学创造的结晶，而且是科学精神、科学思想和科学方法的载体，具有永恒的意义和价值。

科学元典丛书

超穷数理论基础

（茹尔丹　齐民友　注释）

Contributions to the Founding of the Theory of Transfinite Numbers

［德］康托　著　齐民友　译

北京大学出版社

PEKING UNIVERSITY PRESS

图书在版编目（CIP）数据

超穷数理论基础/ (德) 康托著；齐民友译. —北京: 北京大学出版社, 2023.1
（科学元典丛书）
ISBN 978-7-301-33445-4

Ⅰ. ①超… Ⅱ. ①康… ②齐… Ⅲ. ①数学—青少年读物 Ⅳ. ①O1-49

中国版本图书馆 CIP 数据核字（2022）第 184164 号

Georg Cantor
CONTRIBUTIONS TO THE FOUNDING OF THE THEORY OF
TRANSFINITE NUMBERS
Translated,and Provided With an Introduction and Notes,by P.E.B.Jourdain
CHICAGO AND LONDON, THE OPEN COURT PUBLISHING COMPANY, 1915

书　　　名	超穷数理论基础
	CHAOQIONGSHU LILUN JICHU
著作责任者	［德］康　托　著　齐民友　译
丛 书 策 划	周雁翎
丛 书 主 持	陈　静
责 任 编 辑	李淑方
标 准 书 号	ISBN 978-7-301-33445-4
出 版 发 行	北京大学出版社
地　　　址	北京市海淀区成府路 205 号　　100871
网　　　址	http://www. pup. cn　　　　新浪微博：@ 北京大学出版社
微信公众号	通识书苑（微信号：sartspku）科学元典（微信号：kexueyuandian）
电 子 邮 箱	编辑部 jyzx@ pup. cn　　　　总编室 zpup@ pup. cn
电　　　话	邮购部 010-62752015　发行部 010-62750672　编辑部 010-62767857
印 刷 者	北京中科印刷有限公司
经 销 者	新华书店
	787 毫米×1092 毫米　16 开本　12.75 印张　彩插 8　210 千字
	2023 年 1 月第 1 版　2024 年 7 月第 2 次印刷
定　　　价	68.00 元

弁　言

• Preface to the Series of the Great Classics in Science •

这套丛书中收入的著作，是自古希腊以来，主要是自文艺复兴时期现代科学诞生以来，经过足够长的历史检验的科学经典。为了区别于时下被广泛使用的"经典"一词，我们称之为"科学元典"。

我们这里所说的"经典"，不同于歌迷们所说的"经典"，也不同于表演艺术家们朗诵的"科学经典名篇"。受歌迷欢迎的流行歌曲属于"当代经典"，实际上是时尚的东西，其含义与我们所说的代表传统的经典恰恰相反。表演艺术家们朗诵的"科学经典名篇"多是表现科学家们的情感和生活态度的散文，甚至反映科学家生活的话剧台词，它们可能脍炙人口，是否属于人文领域里的经典姑且不论，但基本上没有科学内容。并非著名科学大师的一切言论或者是广为流传的作品都是科学经典。

这里所谓的科学元典，是指科学经典中最基本、最重要的著作，是在人类智识史和人类文明史上划时代的丰碑，是理性精神的载体，具有永恒的价值。

一

科学元典或者是一场深刻的科学革命的丰碑，或者是一个严密的科学体系的构架，或者是一个生机勃勃的科学领域的基石，或者是一座传播科学文明的灯塔。它们既是昔日科学成就的创造性总结，又是未来科学探索的理性依托。

哥白尼的《天体运行论》是人类历史上最具革命性的震撼心灵的著作，它向统治西方思想千余年的地心说发出了挑战，动摇了"正统宗教"学说的天文学基础。伽利略《关于托勒密和哥白尼两大世界体系的对话》以确凿的证据进一步论证了哥白尼学说，更直接地动摇了教会所庇护的托勒密学说。哈维的《心血运动论》以对人类躯体和心灵的双重关怀，满怀真挚的宗教情感，阐述了血液循环理论，推翻了同样统治西方思想千余年、被"正统宗教"所庇护的盖伦学说。笛卡儿的《几何》不仅创立了为后来诞生的微积分提供了工具的解析几何，而且折射出影响万世的思想方法论。牛顿的《自然哲学之数学原理》标志着 17 世纪科学革命的顶点，为后来的工业革命奠定了科学基础。分别以惠更斯的《光论》与牛顿的《光学》为代表的波动说与微粒说之间展开了长达 200 余年的论战。拉瓦锡在《化学基础论》中详尽论述了氧化理论，推翻了统治化学百余年之久的燃素理论，这一智识壮举被公认为历史上最自觉的科学革命。道尔顿的《化学哲学新体系》奠定了物质结构理论的基础，开创了科学中的新时代，使 19 世纪的化学家们有计划地向未知领域前进。傅立叶的《热的解析理论》以其对热传导问题的精湛处理，突破了牛顿的《自然哲学之数学原理》所规定的理论力学范围，开创了数学物理学的崭新领域。达尔文《物种起源》中的进化论思想不仅在生物学发展到分子水平的今天仍然是科学家们阐释的对象，而且 100 多年来几乎在科学、社会和人文的所有领域都在施展它有形和无形的影响。《基因论》揭示了孟德尔式遗传性状传递机理的物质基础，把生命科学推进到基因水平。爱因斯坦的《狭义与广义相对论浅说》和薛定谔的《关于波动力学的四次演讲》分别阐述了物质世界在高速和微观领域的运动规律，完全改变了自牛顿以来的世界观。魏格纳的《海陆的起源》提出了大陆漂移的猜想，为当代地球科学提供了新的发展基点。维纳的《控制论》揭示了控制系统的反馈过程，普里戈金的《从存在到演化》发现了系统可能从原来无序向新的有序态转化的机制，二者的思想在今天的影响已经远远超越了自然科学领域，影响到经济学、社会学、政治学等领域。

科学元典的永恒魅力令后人特别是后来的思想家为之倾倒。欧几里得的《几何原本》以手抄本形式流传了 1800 余年，又以印刷本用各种文字出了 1000 版以上。阿基米德写了大量的科学著作，达·芬奇把他当作偶像崇拜，热切搜求他的手稿。伽利略以他的继承人自居。莱布尼兹则说，了解他的人对后代杰出人物的成就就不会那么赞赏了。为捍卫《天体运行论》中的学说，布鲁诺被教会处以火刑。伽利略因为其《关于托勒密和哥白尼两大世界体系的对话》一书，遭教会的终身监禁，备受折磨。伽利略说吉尔伯特的《论磁》一书伟大得令人嫉妒。拉普拉斯说，牛顿的《自然哲学之数学原理》揭示了宇宙的最伟大定律，它将永远成为深邃智慧的纪念碑。拉瓦锡在他的《化学基础论》出版后 5 年被法国革命法庭处死，传说拉格朗日悲愤地说，砍掉这颗头颅只要一瞬间，再长出这样的头颅 100 年也不够。《化学哲学新体系》的作者道尔顿应邀访法，当他走进法国科学院会议厅时，院长和全体院士起立致敬，得到拿破仑未曾享有的殊荣。傅立叶在《热的解析理论》中阐述的强有力的数学工具深深影响了整个现代物理学，推动数学分析的发展达一个多世纪，麦克斯韦称赞该书是"一首美妙的诗"。当人们咒骂《物种起源》是"魔鬼的经典""禽兽的哲学"的时候，赫胥黎甘做"达尔文的斗犬"，挺身捍卫进化论，撰写了《进化论与伦理学》和《人类在自然界的位置》，阐发达尔文的学说。经过严复的译述，赫胥黎的著作成为维新领袖、辛亥精英、"五四"斗士改造中国的思想武器。爱因斯坦说法拉第在《电学实验研究》中论证的磁场和电场的思想是自牛顿以来物理学基础所经历的最深刻变化。

在科学元典里，有讲述不完的传奇故事，有颠覆思想的心智波涛，有激动人心的理性思考，有万世不竭的精神甘泉。

二

按照科学计量学先驱普赖斯等人的研究，现代科学文献在多数时间里呈指数增长趋势。现代科学界，相当多的科学文献发表之后，并没有任何人引用。就是一时被引用过的科学文献，很多没过多久就被新的文献所淹没了。科学注重的是创造出新的实在知识。从这个意义上说，科学是向前看的。但是，我们也可以看到，这么多文献被淹没，也表明划时代的科学文献数量是很少的。大多数科学元典不被现代科学文献所引用，那是因为其中的知识早已成为科学中无须证明的常识了。即使这样，科学经典也会因为其中思想的恒久意义，而像人文领域里的经典一样，具有永恒的阅读价值。于是，科学经典就被一编再编、一印再印。

早期诺贝尔奖得主奥斯特瓦尔德编的物理学和化学经典丛书"精密自然科学经典"从 1889 年开始出版，后来以"奥斯特瓦尔德经典著作"为名一直在编辑出版，有资料说目前已经出版了 250 余卷。祖德霍夫编辑的"医学经典"丛书从 1910 年就开始陆续出版了。也是这一年，蒸馏器俱乐部编辑出版了 20 卷"蒸馏器俱乐部再版本"丛书，丛书中全是化学经典，这个版本甚至被化学家在 20 世纪的科学刊物上发表的论文所引用。一般把 1789 年拉瓦锡的化学革命当作现代化学诞生的标志，把 1914 年爆发的第一次世界大战称为化学家之战。奈特把反映这个时期化学的重大进展的文章编成一卷，把这个时期的其他 9 部总结性化学著作各编为一卷，辑为 10 卷"1789—1914 年的化学发展"丛书，于 1998 年出版。像这样的某一科学领域的经典丛书还有很多很多。

科学领域里的经典，与人文领域里的经典一样，是经得起反复咀嚼的。两个领域里的经典一起，就可以勾勒出人类智识的发展轨迹。正因为如此，在发达国家出版的很多经典丛书中，就包含了这两个领域的重要著作。1924 年起，沃尔科特开始主编一套包括人文与科学两个领域的原始文献丛书。这个计划先后得到了美国哲学协会、美国科学促进会、美国科学史学会、美国人类学协会、美国数学协会、美国数学学会以及美国天文学学会的支持。1925 年，这套丛书中的《天文学原始文献》和《数学原始文献》出版，这两本书出版后的 25 年内市场情况一直很好。1950 年，沃尔科特把这套丛书中的科学经典部分发展成为"科学史原始文献"丛书出版。其中有《希腊科学原始文献》《中世纪科学原始文献》和《20 世纪（1900—1950 年）科学原始文献》，文艺复兴至 19 世纪则按科学学科（天文学、数学、物理学、地质学、动物生物学以及化学诸卷）编辑出版。约翰逊、米利肯和威瑟斯庞三人主编的"大师杰作丛书"中，包括了小尼德勒编的 3 卷"科学大师杰作"，后者于 1947 年初版，后来多次重印。

在综合性的经典丛书中，影响最为广泛的当推哈钦斯和艾德勒 1943 年开始主持编译的"西方世界伟大著作丛书"。这套书耗资 200 万美元，于 1952 年完成。丛书根据独创性、文献价值、历史地位和现存意义等标准，选择出 74 位西方历史文化巨人的 443 部作品，加上丛书导言和综合索引，辑为 54 卷，篇幅 2 500 万单词，共 32 000 页。丛书中收入不少科学著作。购买丛书的不仅有"大款"和学者，而且还有屠夫、面包师和烛台匠。迄 1965 年，丛书已重印 30 次左右，此后还多次重印，任何国家稍微像样的大学图书馆都将其列入必藏图书之列。这套丛书是 20 世纪上半叶在美国大学兴起而后扩展到全社会的经典著作研读运动的产物。这个时期，美国一些大学的寓所、校园和酒吧里都能听到学生讨论古典佳作的声音。有的大学要求学生必须深研 100 多部名著，甚至在教学中不得使用最新的实验设备，而是借助历史上的科学大师所使用的方法和仪器复制品去再现划时代的著名实验。至 20 世纪 40 年代末，美国举办古典名著学习班的城市达 300 个，学员 50 000 余众。

相比之下，国人眼中的经典，往往多指人文而少有科学。一部公元前 300 年左右古希腊人写就的《几何原本》，从 1592 年到 1605 年的 13 年间先后 3 次汉译而未果，经 17 世纪初和 19 世纪 50 年代的两次努力才分别译刊出全书来。近几百年来移译的西学典籍中，成系统者甚多，但皆系人文领域。汉译科学著作，多为应景之需，所见典籍寥若晨星。借 20 世纪 70 年代末举国欢庆"科学春天"到来之良机，有好尚者发出组译出版"自然科学世界名著丛书"的呼声，但最终结果却是好尚者抱憾而终。20 世纪 90 年代初出版的"科学名著文库"，虽使科学元典的汉译初见系统，但以 10 卷之小的容量投放于偌大的中国读书界，与具有悠久文化传统的泱泱大国实不相称。

我们不得不问：一个民族只重视人文经典而忽视科学经典，何以自立于当代世界民族之林呢？

三

科学元典是科学进一步发展的灯塔和坐标。它们标识的重大突破，往往导致的是常规科学的快速发展。在常规科学时期，人们发现的多数现象和提出的多数理论，都要用科学元典中的思想来解释。而在常规科学中发现的旧范型中看似不能得到解释的现象，其重要性往往也要通过与科学元典中的思想的比较显示出来。

在常规科学时期，不仅有专注于狭窄领域常规研究的科学家，也有一些从事着常规研究但又关注着科学基础、科学思想以及科学划时代变化的科学家。随着科学发展中发现的新现象，这些科学家的头脑里自然而然地就会浮现历史上相应的划时代成就。他们会对科学元典中的相应思想，重新加以诠释，以期从中得出对新现象的说明，并有可能产生新的理念。百余年来，达尔文在《物种起源》中提出的思想，被不同的人解读出不同的信息。古脊椎动物学、古人类学、进化生物学、遗传学、动物行为学、社会生物学等领域的几乎所有重大发现，都要拿出来与《物种起源》中的思想进行比较和说明。玻尔在揭示氢光谱的结构时，提出的原子结构就类似于哥白尼等人的太阳系模型。现代量子力学揭示的微观物质的波粒二象性，就是对光的波粒二象性的拓展，而爱因斯坦揭示的光的波粒二象性就是在光的波动说和微粒说的基础上，针对光电效应，提出的全新理论。而正是与光的波动说和微粒说二者的困难的比较，我们才可以看出光的波粒二象性学说的意义。可以说，科学元典是时读时新的。

除了具体的科学思想之外，科学元典还以其方法学上的创造性而彪炳史册。这些方法学思想，永远值得后人学习和研究。当代诸多研究人的创造性的前沿领域，如认知心理学、科学哲学、人工智能、认知科学等，都涉及对科学大师的研究方法的研究。一些科学史学家以科学元典为基点，把触角延伸到科学家的信件、实验室记录、所属机构的档案等原始材料中去，揭示出许多新的历史现象。近二十多年兴起的机器发现，首先就是对科学史学家提供的材料，编制程序，在机器中重新做出历史上的伟大发现。借助于人工智能手段，人们已经在机器上重新发现了波义耳定律、开普勒行星运动第三定律，提出了燃素理论。萨伽德甚至用机器研究科学理论的竞争与接受，系统研究了拉瓦锡氧化理论、达尔文进化学说、魏格纳大陆漂移说、哥白尼日心说、牛顿力学、爱因斯坦相对论、量子论以及心理学中的行为主义和认知主义形成的革命过程和接受过程。

　　除了这些对于科学元典标识的重大科学成就中的创造力的研究之外，人们还曾经大规模地把这些成就的创造过程运用于基础教育之中。美国几十年前兴起的发现法教学，就是在这方面的尝试。近二十多年来，兴起了基础教育改革的全球浪潮，其目标就是提高学生的科学素养，改变片面灌输科学知识的状况。其中的一个重要举措，就是在教学中加强科学探究过程的理解和训练。因为，单就科学本身而言，它不仅外化为工艺、流程、技术及其产物等器物形态，直接表现为概念、定律和理论等知识形态，更深蕴于其特有的思想、观念和方法等精神形态之中。没有人怀疑，我们通过阅读今天的教科书就可以方便地学到科学元典著作中的科学知识，而且由于科学的进步，我们从现代教科书上所学的知识甚至比经典著作中的更完善。但是，教科书所提供的只是结晶状态的凝固知识，而科学本是历史的、创造的、流动的，在这历史、创造和流动过程之中，一些东西蒸发了，另一些东西积淀了，只有科学思想、科学观念和科学方法保持着永恒的活力。

　　然而，遗憾的是，我们的基础教育课本和科普读物中讲的许多科学史故事不少都是误讹相传的东西。比如，把血液循环的发现归于哈维，指责道尔顿提出二元化合物的元素原子数最简比是当时的错误，讲伽利略在比萨斜塔上做过落体实验，宣称牛顿提出了牛顿定律的诸数学表达式，等等。好像科学史就像网络上传播的八卦那样简单和耸人听闻。为避免这样的误讹，我们不妨读一读科学元典，看看历史上的伟人当时到底是如何思考的。

　　现在，我们的大学正处在席卷全球的通识教育浪潮之中。就我的理解，通识教育固然要对理工农医专业的学生开设一些人文社会科学的导论性课程，要对人文社会科学专业的学生开设一些理工农医的导论性课程，但是，我们也可以考虑适当跳出专与博、文与理的关系的思考路数，对所有专业的学生开设一些真正通而识之的综合性课程，或者倡导这样的阅读活动、讨论活动、交流活动甚至跨学科的研究活动，发掘文化遗产、分享古典智慧、继承高雅传统，把经典与前沿、传统与现代、创造与继承、现实与永恒等事关全民素质、民族命运和世界使命的问题联合起来进行思索。

　　我们面对不朽的理性群碑，也就是面对永恒的科学灵魂。在这些灵魂面前，我们不是要顶礼膜拜，而是要认真研习解读，读出历史的价值，读出时代的精神，把握科学的灵魂。我们要不断吸取深蕴其中的科学精神、科学思想和科学方法，并使之成为推动我们前进的伟大精神力量。

任定成

2005 年 8 月 6 日

北京大学承泽园迪吉轩

康托（Georg Ferdinand Ludwig Philipp Cantor，1845—1918）

⬆ 1845 年 3 月 3 日，康托出生于俄国圣彼得堡一个商人之家。图为 1935 年时的圣彼得堡（当时称列宁格勒）。

⬆ 康托的父亲乔治·魏特曼（George Woldemar）

⬇ 父亲乔治·魏特曼曾在圣彼得堡经商，后在汉堡、哥本哈根、伦敦甚至远及纽约从事国际买卖，后转到股票交易，并很快取得成功，曾做过圣彼得堡证券交易所的经纪人。他还是一位出色的小提琴家。图为圣彼得堡证券交易所原址。

⬆ 康托的母亲 M. A. 鲍约姆（M. A. Böhm），出身于圣彼得堡一个小提琴世家。

⬆ 弗朗茨·伯姆（Franz Böhm，1788—1846），康托的外祖父，是俄罗斯帝国管弦乐团的著名音乐家和独奏家。也是小提琴家约瑟夫·伯姆的兄弟，圣彼得堡皇家剧院的第一位小提琴家。

⬆ 约瑟夫·伯姆（Joseph Böhm，1795—1876），小提琴家，维也纳音乐学院第一位小提琴教授。与贝多芬是好友。

⬆ 路德维希·伯姆（Ludwig Böhm），康托的舅舅，小提琴家。

康托的父母十分重视对孩子的教育。在康托小的时候，父亲给他提供各处游学的机会，主张要广泛阅读，多方求学。这与中国的"读万卷书，行万里路"的思想有些类似。

康托是家中长子，从小就有音乐天赋。小时候，母亲就教他拉小提琴和弹钢琴。音乐是康托一生的爱好，他甚至在学生时代组织过乐团。

◀ 圣凯瑟琳路德教堂（St. Catherine Lutheran Church），康托接受洗礼的地方。

▶ 康托 8 岁的时候，被送往圣彼得堡路德教会著名的 Petrischule 小学学习。图为康托曾就读的 Petrischule 小学，始建于 1709 年，后被毁，19 世纪 30 年代按原样重建。

⬆ 康托初入学时各科成绩优秀，但是从一年级下学期开始，成绩变得一般，这可能受父亲生病的影响。不过数学成绩一直保持优秀。图为康托 1856 年春季学期成绩单。

1856 年，康托跟随全家从俄国圣彼得堡移居到德国威斯巴登。康托先是在威斯巴登的一所寄宿制学校学习，1857 年又转学到荷兰阿姆斯特丹的一所寄宿制学校。阿姆斯特丹是影响康托人生道路的一个地方，正是在这里，康托对数学产生了浓厚的兴趣。当时，这所学校的图书馆馆长路西多尔给康托推荐了一些数学史书籍。

⬆ 现在的威斯巴登

▶ 1862 年，康托遵照父亲的愿望进入瑞士苏黎世大学学工科。他内心对数学的渴望与日俱增，当父亲同意他可以在大学期间学习数学时，康托内心充满了难掩的兴奋与激动。图为苏黎世大学。

1863 年，父亲去世后，康托继承了一笔丰厚的遗产。不久，康托转入柏林大学学习数学和神学。柏林大学当时是数学研究的一个圣地，汇聚了一批杰出的数学家。这是康托对自己人生的第一次重要抉择。

⬆ 柏林大学

在柏林大学期间，康托有幸得到库默尔（E. E. Kummer，1810—1893）、魏尔斯特拉斯（Karl Weierstrass，1815—1897）和克罗内克（L. Kronecker，1823—1891）的指导。

⬆ 库默尔，德国数学家。

1866 年，康托到格丁根大学游学一个学期，主攻数论。同年 12 月 14 日，康托在柏林大学获得博士学位，博士论文的题目是《按照实际算学方法决定极大类或相对解》。

康托从数论转向分析受到两位重要人物的影响：一位是魏尔斯特拉斯，另一位则是他在柏林大学求学期间的朋友海涅。

➡ 魏尔斯特拉斯，被誉为"现代分析之父"，是康托在柏林大学求学期间的老师，康托在其指导下作过关于"微积分简史"的报告。这些都潜移默化地影响了康托对分析研究的兴趣。

◀ 海涅（E. Heine，1821—1881），德国数学家，因在特殊函数和实分析方面的成果而闻名。

1869 年，康托与好友海涅重逢，此时恰遇康托对数论问题的研究工作受阻。康托接受海涅建议到哈雷大学任职，由此康托正式开始研究分析，与分析结下了不解之缘，也从此扎根在哈雷大学。这可以说是他人生的第二次重要抉择，正是这次抉择使他开启了对于集合和无穷的新认识。

◀ 1836 年的哈雷大学。

◀ 康托和妻子古特曼合影，他们育有5个子女。

1874，康托与妻子瓦利·古特曼（Vally Guttmann）结婚。在哈茨山度蜜月期间，康托花了很多时间与戴德金进行数学讨论。他们的通信交流一直持续到1882年。图为哈茨山全景。

康托一生备受躁狂抑郁症折磨，1918年1月6日，康托在哈雷大学精神病所与世长辞。他的学生尤丽把充满神秘色彩的希尔伯特旅馆的"无穷号房间"布置成康托纪念室，实现了康托魂归"无穷号房间"的遗愿。

▶ 哈雷诺伊施塔特的康托纪念碑。

目 录

∽❀ 目 录 ❀∽

导读一
康托的数学人生

王淑红

（河北师范大学数学科学学院　教授）

康托是怎样走上数学道路的？又是因何开始了对无穷的研究工作？他的观念有什么革新？其成就对现代数学和哲学产生了怎样的影响？在数学创造的道路上，面对种种选择抑或困难，康托又做出了怎样的抉择？这种抉择的标准和勇气来自何方？他的一生到底是幸还是不幸？

爱因斯坦(A. Einstein，1879—1955)曾说："人的知识是有限的，而想象力是无穷的。"科学创造需要插上想象力的翅膀，才能飞得更高，数学亦是如此。那些数学史星空中的璀璨明星都极具想象力和创造力，身为横跨19世纪和20世纪的数学家，康托(G. F. L. P. Cantor，1845—1918)就是这样一位具有非凡想象力和创造力的数学家。

19世纪的数学家们，比如柯西(L. A. Cauchy，1789—1857)、魏尔斯特拉斯(K. T. W. Weierstrass，1815—1897)，一直为微积分的严格化殚心竭虑。在这一过程当中，康托抛却了以往的经验与直观，拿起理论论证的武器，冲破了数学中有限性的阻碍，打破了数学中对于无穷的一贯解释和运用方式，创立了全新的集合论和超穷数理论。自此，集合论成为实数理论乃至整个微积分理论的基础，严密的微积分体系亦随之建立起来。同时，集合概念在更高和更广的层面上发挥威力，大大拓展了数学的研究疆域，为数学结构奠定了牢固的基础，深深影响了现代数学的走向，最终成为整个数学的基础，亦对现代哲学与逻辑的产生和发展大有裨益。[1,2]

历史大浪淘沙，如此沉甸甸的成果当然会使康托脱颖而出。他的这些成果为他赢得了诸多美誉。比如，希尔伯特(D. Hilbert，1862—1943)在1900年举办的第二届国际数学家大会上，高度赞扬了康托的集合论："是人类纯粹智力活动的最高成就之一"。正是在这次大会上，希尔伯特提出了指引未来数学发展的著名的23个问题，其中把康托的连续统假设列为第一个问题。1926年，希尔伯特又再次称赞康托的超穷数理论："数学思想最惊人的产物，在纯粹理性的范畴中人类活动的最美的表现之一"。希尔伯特在对康托的赞誉中用到了"最高"和"最美"这两个字眼，可以说是一种至高的评价。

那么，康托是怎样走上数学道路的？又是因何开始了对无穷的研究工作？他的观念有什么革新？其成就对现代数学和哲学产生了怎样的影响？在数学创造的道路上，面对种种选择抑或困难，康托又做出了怎样的

◀哈雷大学校园。

抉择？这种抉择的标准和勇气来自何方？他的一生到底是幸还是不幸？这些都是我们关心的问题。

美国心理学家马斯洛(A. H. Maslow, 1908—1970) 1943 年在其《人类激励理论》中提出，人类的需求从低到高分为 5 个层次，分别是生理需求、安全需求、社交需求、尊重需求以及自我实现需求。下面我们就通过调查、分析和研究有关康托的一些文献资料，从回归人性和心理学的角度来展示康托的伟大思想足迹以及他带给人们的无穷教益。

一、人生理想的树立：由工学到数学

康托是如何走上数学道路，树立起攻克数学难关的远大理想的呢？要知道康托并非像诺特(E. Noether, 1882—1935)那样出身数学家族，家族里也没有人鼓励他走这一条道路。实际上，他是犹太血统，祖父是一位音乐家，父亲是一名商人，母亲出身艺术世家。除了数学家的身份之外，康托还是一位出色的小提琴家，只是相较来说，他的数学成就更大，从而掩盖了他的音乐光芒。

1845 年 1 月 6 日，康托在俄国的圣彼得堡出生。他的父母十分重视对他的教育。他的父亲主张要广泛阅读，多方求学。这与中国的"读万卷书，行万里路"的教育思想有些类似。在康托小的时候，父亲就开始给予他各处游学的机会。1856 年，康托时年 11 岁，跟随全家从俄国的圣彼得堡移居到德国的威斯巴登。康托的传记作者 Grattan-Guinness 曾写道：[3]

"康托非常怀念他在俄国的早年岁月，并且从未在德国感到过自在和安逸，尽管他在那里度过了余生，而且似乎他从未用俄文写过文章，俄文一定是他已经掌握的。"

他的这种怀旧个性应该也是他执着解决超穷集合论问题的一个精神因素。他先是在威斯巴登的一所寄宿制学校学习。1857 年又转学到荷兰阿姆斯特丹的一所寄宿制学校。这是影响康托人生道路的一个地方，因为正是在这里，康托对数学产生了浓厚的兴趣。当时，这所学校的图书馆馆长是路西多尔，他给康托推荐了一些数学史书籍，可以说是康托的良师益友。康托在阅读这些数学史书籍时,一次次与其中的数学先贤们进行思想碰撞与交融,逐步产生了献身数学的内在动力,而且这种动力愈来愈强,似乎有了一种欲罢不能的趋势。

因为康托的父亲一直希望康托中学毕业后进入工科学校。于是,1862 年,康托遵照父亲的愿望进入了苏黎世大学学工。但他的内心早已被数学点燃,并且对数学的渴望亦与日俱增,所以当他的父亲同意他可以在大学期间学习数学时,他的内心充满了难掩的兴奋与激动。1863 年,康托的父亲去世后,他继承了父亲的一笔丰厚的遗产,转入柏林大学学习数学和神学。柏林大学当时是数学研究的一个圣地,汇聚了一批杰出的数学家。这是康托对自己人生的第一次重要抉择。这一次抉择使得他终生与数学结缘。

二、数学兴趣的转移:由数论到分析

在柏林大学期间,康托有幸受到库默尔(E. E. Kummer, 1810—1893)、魏尔斯特拉斯和克罗内克(L. Kronecker, 1823—1891)教导。在此期间的 1866 年,康托还曾到格丁根大学游学,历时一个学期。此时,他主攻的是数论。1866 年 12 月 14 日,康托在柏林大学获得博士学位。那么,康托是如何由数论转向分析的呢?

应该说,促使康托从数论转向分析的人主要有两位,一位是魏尔斯特拉斯。魏尔斯特拉斯被誉为"现代分析之父",主张"数学不应该凭直觉。我们要致力于使数学建立在一个牢固的基础之上。"他用 ε-δ 语言给出了函数极限的精确定义,消除了过去极限直观定义中的随意性。他还指出极限理论对微积分的基础性作用。在柏林大学求学期间,康托认真聆听了魏尔斯特拉斯的课程,还在魏尔斯特拉斯指导下作关于"微积分简史"的报告。这些都潜移默化地成了康托对分析产生研究兴趣的潜在因素。

另一位则是他在柏林大学求学期间的朋友海涅(E. Heine, 1821—1881)。1869 年,海涅已是哈雷大学的讲师。这个时候,他们二人重逢。

恰遇康托对数论问题的研究工作受阻。于是,海涅鼓动康托从数论问题中抽离出来,转而研究分析中的一个困难而有趣的问题:对任一给定的函数,判定其三角级数表示式是否唯一。海涅还建议康托去哈雷大学任教。于是康托接受了海涅的建议,于 1869 年入哈雷大学任职。由此康托正式开始研究分析,与分析结下了不解之缘,也从此扎根在哈雷大学,直至1913 年退休。这可以说是他人生的第二次重要抉择,正是这次抉择使得他开启了对于集合和无穷的新认识。[4]

康托在对上述问题的研究过程中,开始思考分析的基础问题,认识到无穷集合的重要意义,进而开始从事无穷集合的一般理论研究。从此无穷成为他终生奋斗、为之痴狂的一个重要关键词。他不但关注实无穷,而且还构造出超无穷,为千百年来的无穷问题彻彻底底地进行了一次革命。

三、突破无穷概念的壁垒:由潜无穷到实无穷

无穷在当时并不是一个新鲜名词,而是早在两千多年以前,古代先人就开始探索的一个概念。既然如此,为什么曾有人断言,关于数学无穷的革命几乎是由康托一个人独立完成的? 或者说,无穷的概念在康托这里发生了怎样的变化?

这是因为,虽然科学家们很早就接触到无穷,但没有足够的能力去把握和认识无穷。甚至有些古希腊数学家还极力排斥无穷,避免在一些数学表述中出现无穷这个词汇。比如,他们不直接说"素数有无穷多",而是说"素数比任何给定的素数集合都要多"。可以说,他们排斥无穷,拒绝无穷进入数学。这种思潮千百年来一直存在着。

17 世纪,牛顿(I. Newton, 1643—1727) 和莱布尼兹(G. W. Leibniz, 1646—1716)创立了微积分。微积分的有效性没有问题,但其严格性不足,这就使得无穷概念受到了人们的强烈质疑。尔后的柯西、魏尔斯特拉斯等开始对分析进行严格化。最终摆脱了极限概念的几何直观性,将极限概念建立在了纯粹严密的算术基础之上。其中就涉及了有关无穷的理

论,于是又重新提出了无穷集合在数学上的存在问题,从而无穷集合的理论基础问题成为数学家们的一项自然追求。

而追求无穷的过程并不是一帆风顺的,因为时至那时,还有一些数学家并不承认无穷。比如,克罗内克就是一个坚定的有穷论者。克罗内克认为数论和代数最为可靠,并且一贯主张"上帝创造了整数,其他一切都是人创造的"。也就是他主张从整数和整数的有限算术组合中创造出全部数学。克罗内克是康托的老师,又都曾受教于库默尔,但这种亲密的关系并没有使他们的数学思想路线保持一致,而是持有这样两个截然不同的观点。

中世纪,人们发现一个事实:若从两个同心圆出发来画射线,虽然这两个圆的周长不同,但射线会在这两个圆的点与点之间建立起一一对应。在康托之前,高斯(C. F. Gauss,1777—1855)、柯西都明确反对在无穷集合之间使用一一对应这种比较手段,因为这会导致部分等于全体的矛盾。高斯说:"我反对把一个无穷量当作实体,这在数学中是从来不允许的。无穷只是一种说话的方式……"也就是说,高斯仅仅承认潜无穷。

总之,有一部分数学家像克罗内克那样不承认无穷,也有一些数学家像高斯那样只承认潜在的无穷,而不承认实无穷。但数学概念不能只停留在描述的层次上,必须是严格和精确的。于是对无穷的这种探索不仅仅是自然的,而且也是必要的。

如前所述,康托在海涅的直接影响下由数论转而研究分析。康托很快便取得成果,分别于1870年和1871年在《数学杂志》(*Journ für Math.*)上发表了论文,证明了函数三角级数表示的唯一性定理,并证明即使在有限个间断点处不收敛,这个定理依旧成立。1872年,他在《数学年鉴》(*Mathematische Annalen*)上发表了论文《三角级数中一个定理的推广》(*über die Ausdehnung eines Satzes aus der Theorié der trigonomentrischen Reihen*),把这个唯一性定理推广到允许例外值为某种无穷集合的情形。康托认识到,需要有一种分析 x 轴上的点的连续统的方法。这使得他的思想发生了变化,连续统内点的关系问题成为他关注的焦点。也就是说,如何来描述这种由例外点所组成的无穷集合继而成为一个最为重要的问题。

由此,他对无穷集合的重要性有了新的认识,开始对无穷集合进行一般理论研究。自此,他开始从对唯一性问题的探讨转向点集论的研究,把无穷点集上升为明确而具体的研究对象。这不仅是他个人研究的一次标志性变化,还开启了数学发展的一个新时代。康托具有超乎常人的想象力,但我们知道科学需要"大胆假设,小心求证"。因此,有了设想之后,如何使理论变得严谨便成为一个首要和必须解决的问题。

康托为了描述这种无穷集合,引入了一些新概念,比如点集的极限点、点集的导集以及导集的导集等。1872年,他首先用有理数列来构造实数,由此说明,实数跟虚数一样,也是纯粹由人来构造的。

在康托的这一时期的研究生涯中,他有一个志同道合的朋友,那就是戴德金(J. R. Dedekind, 1831—1916)。他们结识于1872年,这一年,戴德金出版了《连续性与无理数》(*Stetigkeit und Irrationale Zahlen*)一书,以有理数为基础,用后人所称的"戴德金分割"定义了无理数,建立了完整的实数理论。同样在1872年,康托也讨论了实数问题。因此二人建立起了通信联系。他们都关注实数理论以及集合论,之后经常彼此交流各自的研究进展情况。在1874年康托度蜜月期间,他们初次相遇,并进行了很多数学交流。他们的通信交流一直持续到1882年。[5]

四、无穷观念的再次进阶:由实无穷到超无穷

如果说从潜无穷到实无穷是一次观念的深刻变革,那么从实无穷到超无穷又是一次巨大的进步。这是康托对无穷的新认知。

1874年,康托在《纯粹与应用数学杂志》(*Journal für die Reine und Angewandte Mathematik*,即《克雷尔杂志》)发表论文《论所有实代数数的集合的一个性质》(*Ueber eine Eigenschaft des Inbegriffes aller reellen algebraischen Zahlen*)。[6]这篇论文标志着集合论的诞生。康托为了将元素个数的概念从有穷集合推广到无穷集合,以一一对应为原则,提出集合等价的概念。如果两个集合的元素间可以建立一一对应,那么这两个集合称为等价。他认为一个无穷集合与它的部分构成一一对应恰恰反映了无穷

集合的一个本质特征。他定义了基数、可数集合等概念。证明了实数集不可数,代数数是可数的,有理数没有实数多。所以非代数数的超越数存在且不可数。康托的证明是开创性的。在没有构造出一个超越数的前提下,大胆提出这样的命题,使得当时的一部分数学家持有怀疑态度并有些出离愤怒。

实际上,康托的这一篇论文,把无穷的概念进行了深化。他认为无穷也有区别,有可数的,有不可数的。相较于以前的数学家对无穷的模糊认识,无穷是潜在的一个概念,而康托对无穷的认识更加明确,给无穷具体分出了不同的层次。这样的认识打破了前人的认知,引起部分人的反对也是难免的。

1877 年,康托证明了单位正方形与单位线段上的点可以建立起一一对应的关系。而这个问题是康托三年前首先对戴德金提出的。康托1874 年 1 月 5 日在给戴德金的一封信中写道[7]:

"是否有可能使一个面(可能是包含其边界在内的一个正方形)唯一对应于一条直线(可能使包含其端点在内的直线段),使得这个面上的每一点都有这条直线上的一个对应点,反之,对这条直线上的每一点都有这个面上的一个对应点? 我认为回答这个问题不是简单的工作,尽管这个问题的答案看起来显而易见是否定的以至于证明似乎是不必要的。"

康托得到证明之后也第一时间写信告诉了戴德金。戴德金发现了其中一个漏洞,后来康托把这个漏洞予以弥补。康托还进一步推出:空间中的点与平面上的点一样多等。

这与以前人们一贯的直觉相冲突。提示人们直观有时并不可靠,理性在科学发现的过程中相当重要。

1879 至 1884 年,康托集中探讨线性连续统,这是由 n 维连续空间与一维连续统具有相同的基数而引发的研究。康托这个阶段的论文汇集为《关于无穷的线性点集》(*Ueber unendliche, lineare Punktmannichfaltigkeiten*)。[8-12]其中,发表于 1880 年的文章第一次引进了"超穷数"这个概念。

发表于 1883 年的第 5 篇论文[12],篇幅最长,内容也最丰富。它实际上已经超出了线性点集的范畴,建立了一个超穷数的一般性理论。他是通过运用良序集的序型来达到这一点的。他还特别讨论了由集合论产生的一些哲学问题。同年,康托将这篇论文以《集合论基础,无穷理论的数学和哲学探讨》(*Grundlagen einer allgemeinen Mannigfaltigkeits lehre, ein mathematischphilosophischer Versuch in der Lehre des Unendlichen*,以下简称《集合论基础》)为题作为专著单独出版。康托在引进超穷基数及其超穷算术之前,给出了良序集和无穷良序集编号的概念,指出整个超穷数的集合是良序的,而且任何无穷良序集,都存在唯一的一个第二数类中的数作为表示它的顺序特性的编号。良序集对于有穷集与无穷集的区分起到了至关重要的作用。康托认为,有穷集与无穷集的重要区别为:对于有穷集来讲,无论其中元素的顺序怎样,所得的序数是一样的。而对于无穷集来讲,因为元素顺序不同,所以从一个无穷集可以得到无穷多个不同的良序集,因而有不同的序数。良序集也为超穷算术的定义奠定了基础,康托借助它定义了超穷数的加法、乘法及其逆运算。[13,14]

《集合论基础》是康托数学研究的里程碑。其主要成果是引进了超穷数。"我很了解这样做将使我自己处于某种与数学中关于无穷和自然数性质的传统观念相对立的地位,但我深信,超穷数终将被承认是对数概念最简单、最适当和最自然的扩充。"《集合论基础》是康托早期集合论思想的系统论述。

康托在其中应用了下面三个原则:

第一生成原则:从任一给定的数出发,通过相继加 1 得到它的后继数,定义有穷序数的过程。

康托将全体有穷序数的集合称为第一数类,记作(Ⅰ),其中没有最大的数。康托用一个新数 ω 来表示紧跟在整个自然数序列之后的第一个数,这就是第一个超穷数,也是最小的一个超穷数,它比所有的自然数 n 都大。这里的 ω 是一个数,是"实无穷",而以前的 ∞ 则是一个变量,是"潜无穷"。康托试图使人们把 ω 看作像实数一样具有真实数学意义的数。运用第一生成原则,从 ω 出发,就得到一个超穷数序列:$\omega,\omega+1,\omega+2,\cdots,\omega+n,\cdots$其中同样不存在最大的数。

第二生成原则:任给一个其中无最大数的序列,可产生一个作为该序列极限的新数,它定义为大于此序列中所有数的后继数。

根据第二生成原则,可以假设紧接着上面序列之后存在的第一个序数为 $\omega+\omega$,即 2ω。再对其运用第一生成原则,可以得到新的超穷数序列 $2\omega,2\omega+1,2\omega+2,\cdots,2\omega+n,\cdots$

由此,无穷是有层次的,也就是无穷是有大小之分的,后一层上的无穷比其前一层上的无穷更大。

以此类推,反复运用第一生成原则与第二生成原则,就可以得到无穷多个序数,如 $n\omega,n\omega+1,n\omega+2,\cdots$ 它们的全体组成第二数类,记为(Ⅱ)。这些序数的基数均可数。康托证明了,第二数类的基数是不可数的,也不存在最大序数。根据第二生成原则,在这些新序数之后又会产生一个新的序数,这个新的序数是第三数类的始数,按照这样逐步上升循环,就可以得到一系列的始序数以及与其相对应的基数。

由此产生一个问题:若对第一与第二生成原则进行无限制性的使用,第二数类就没有最大的数。因此,康托引入了第三生成原则,即限制原则。

第三生成原则:保证在上述超穷序列中产生一种自然中断,使第二数类有一个确定极限,从而形成更大数类。

第三生成原则的目的为:确保一个新的数类的基数大于前一数类的基数,并且为满足这个条件的最小的数类。

康托反复运用以上三个原则,就得到了超穷数的序列。

在引进第三生成原则之后,康托研究了数集的顺序及其势(基数)。他指出:第一数类(Ⅰ)和第二数类(Ⅱ)的重要区别在于(Ⅱ)的基数大于(Ⅰ)的基数。(Ⅰ)和(Ⅱ)的基数分别称为第一种基数和第二种基数。在《集合论基础》的第十三章,康托首次指出,(Ⅱ)的势是紧跟在(Ⅰ)的势之后的势。[1]

1884 年康托在长期精神亢奋和压力之下,患上了抑郁症。不过他在身体得到恢复的时候仍然自觉研究数学。1895 和 1897 年,康托以《对超穷集合理论的解释》(*Beiträge zur Begründung der transfiniten Mengenlehre*) Ⅰ 和 Ⅱ 为题先后发表在《数学年鉴》上的两篇论文,[15,16] 对超穷数理论具有决定意义。他把集合作为基本概念,从而改变了早期用公理定义序数的方法。他定义了超穷基数和超穷序数,规定了它们的符号;并且按照势的大小将其排成一个"序列";规定了其加法、乘法和乘方等。至此,超穷基数和超穷序数理论基本宣告完成。这两篇文章构成了康托的《超穷数理论基础》。

《超穷数理论基础》是康托重要的数学收官之作,系统地总结了超穷数理论严格的数学基础,是他20多年超无穷工作的结晶。这本书共分两部分。第一部分是"全序集合的研究",由"对超穷集合理论的解释Ⅰ"构成,中文版根据英文版书名译为《超穷数理论基础(一)》。第二部分是"良序集的研究",由"对超穷集合理论的解释Ⅱ"构成,中文版根据英文版书名译为《超穷数理论基础(二)》。《超穷数理论基础》的出版标志着集合论从点集论过渡到了抽象集合论。不过,因为它还不是公理化的,并且它的某些逻辑前提或某些证明方法若不给予适当的限制就会导出悖论,所以康托的集合论通常也被称为古典集合论或朴素集合论。

五、关于康托的历史反思:由幸运到幸福

通常人们认为康托是不幸的,因为他在对无穷观念的求索中,打破了陈规,饱受过克罗内克等数学家的质疑,而且他还因此没有能够入职柏林大学,甚至精神抑郁。这就是英雄有英雄的寂寞,毕竟他站在高山之巅,需要耐心等待他人攀爬而上才能彼此会话。正是这种孤独,使他一度求助于神学的帮助。但我们在阅读他的素材的时候,却也能真真切切地感受到,康托是一位非常幸福的数学家。

首先,康托有一个幸福的家庭。无论是他的父母,还是他的妻子与兄弟,都对他给予了很大的支持。他父亲对他的引导,使得他从小树立了远大的志向。他的父亲给他规划和设计人生道路,同时也能和他保持朋友般的沟通。他的母亲和弟弟在他身处困境时,慷慨解囊,资助他的生活。与他终身未婚的朋友戴德金相比,他拥有幸福的婚姻,育有5个子女,无论何时,他的妻子都表现出了对他的支持。同时,他早期受到了图书馆馆长、库默尔、魏尔斯特拉斯、克罗内克等良师的引领和指教,后来又有同道

海涅、戴德金等朋友的交流和切磋，取得成就后他也有像希尔伯特等大数学家的强烈支持。

其次，康托的数学研究道路，应该说遵从了自己内心的愿望，而且坚持走了下来，是一种高度的自我实现。前面我们讲过，他的父亲希望他学工，但他最终还是遵从了自己的意愿。包括他在哈雷大学一度不顺，经济面临困难，在选择教授哲学和数学之间，他并未因为教授数学能够获得更高的薪水，居住更好的房屋，就放弃自己的坚持。

再次，康托在数学上做出了伟大的成就。一个人在历史的长河中短暂地来和去，或多或少都会留下一些什么。有的人可能奋斗终身，却碌碌无为，而康托的数学遗产无疑会永远得到世人传承。康托揭示了无穷的本质特性，为无穷首先建立起抽象的形式符号系统与确定的运算。这种思想产生了巨大的威力，此后逐渐渗透到其他的数学分支，同时促进了许多数学新分支的建立与发展，并发展成为抽象代数、实变函数论、代数拓扑、泛函分析等理论的基础。不但使数学的结构发生了根本性的变化，也对逻辑与哲学产生了举足轻重的影响。

有很多数学家给予康托高度赞美并追随他的研究。康托在 1895 年的文章中，遗留下的两个问题，即连续统假设以及所有超穷基数的可比较性，也成为"会下金蛋的鹅"。康托虽然认为无穷基数有最小数而没有最大数，但没有明显叙述其矛盾之处。康托自己首先发现了集合论的内在矛盾，但一直到 1903 年罗素发表罗素悖论，这种内在矛盾才凸显出来。不过，正是这种矛盾成为 20 世纪集合论和数学基础研究的一个出发点。此外，因为集合论是严格的实数理论与极限理论的基础，所以集合论悖论直接导致了第三次数学危机。这是数学内部逻辑的自洽问题。这些问题促使策梅洛（E. F. F. Zermelo，1871—1953）和弗兰克尔（A. H. Fraenkel，1891—1965）等数学公理化大师创造出了 ZFC 理论等。其中，1930 年，弗兰克尔撰写了康托的传记。1932 年策梅洛编辑了康托的文集。[18,19]

可以说，他不但是一个数学星空的仰望者和追逐者，而且还幸运地采撷到最美的星星之一，进入这个星空中最璀璨的行列，成为他人的仰望者和追逐者。试想，在他年老时再度仰望星空，星空中不再只有他人的诗意,而是多了自己的光亮,这应该是一种莫大的欣慰与幸福。

最后,康托虽然在数学创造的过程中,饱受过质疑,也困顿和无奈过。因为他的无穷思想毕竟从观念上来讲,是一次颠覆性的变化,与传统观念大相径庭,引起数学界巨大的振动是难免的。但毕竟在有生之年,其成果就赢得了相当大程度的承认,比起像阿贝尔(N. H. Abel,1802—1829)那样在有生之年没有得到承认而且穷困潦倒的人来说,他能在有生之年得到认可和褒奖,应该是幸运和幸福的。康托一直积极参与一些数学和科学组织。晚年为一个国际数学家联盟工作。1891 年设立德国数学家联合会,成为第一任主席。筹办并参加了 1897 年在苏黎世召开的第一届国际数学家大会。1901 年,当选为伦敦数学会等学会的通讯会员或名誉会员。1902 年获得克里斯丁亚那(Christiania)的荣誉博士学位。1904 年获得伦敦皇家学会颁发的西尔威斯特奖章。1911 年获得圣安德鲁斯(St. Andrews)大学的荣誉博士学位。

总之,康托具备一个优秀科学家的精神气质。他在对知识求索的过程中,成功地把外部因素转化为了探求真知的内在动力,选准方向,并且即便在失去优厚的生活条件之时也有勇气坚持到底。正是这种无畏的坚持最终使得他在集合论和超穷数理论上获得了累累硕果并最终得到举世公认。

(致谢:本文写作得到孙小淳教授的具体指导,特此致谢!)

注:原文发表于《科学文化评论》2016 年第 13 卷第 4 期,有少量改动。参考文献见该刊。

导读二[①]
超穷数理论的发展

茹尔丹

· Introduction to English Version ·

> 数学在其发展中是很自由的,而仅仅需要服从于一个自明的条件,即其概念必须是自身没有矛盾,且与以前已经形成或经过考验的定义有固定的关系。

---

① 这是茹尔丹为英文版写的导论,根据中文版译者齐民友教授的建议,改作中文版导读。——编辑注

I

把从 19 世纪至今纯粹数学分析所主要研究的概念的起源都归功于某一个人,如果这样做还不算是太出格,我想,我们就必须追溯到**傅立叶**(Jean Baptiste Joseph Fourier, 1768—1830)。傅立叶首先主要是一位物理学家,他曾非常确定地表述过这样一种观点,即数学只有在它有助于解决物理问题时,才能证实自己的价值。然而,那些投射到函数及其"连续性"等一般概念上的光芒、那些投射到无穷级数和积分的"收敛性"上的光芒,首先却是从傅立叶对热传导问题的创造性的和大胆的处理上发射出来的,从而推动了函数理论的形成和发展。当看到来自物理概念的数学方法的改进功能时,这位思想开阔的物理学家认为,数学是一种力量非常奇特、设计得又非常经济的手段,可以用来既合乎逻辑又非常方便地处理极为浩繁的数据;并且除非我们能把关于这些数据的各个方面都弄清楚,否则就不能确定我们的方法和结果在逻辑上是很稳固可靠的。理论数学家知道,数学自身就是一种目的,这种目的更近乎哲学。但是在这里我们不需要去论证数学的目的究竟是什么:我们只需要指出其根源在物理概念。但我们也曾指出,物理学也可以论证纯粹数学的最现代的发展的价值。

II

在 19 世纪中,函数论的两个大的分支都发展了起来并且逐渐分离开来。由狄里希莱(Peter Gustav Lejeune-Dirichlet, 1805—1859, 德国数学

◀ 茹尔丹画像。

家)给出了傅立叶关于三角级数的结果的严格基础,使得单实变量的(单值)函数的一般概念以及函数的级数展开(特别是三角展开)成了研究的主题。另外,柯西逐渐认识到复变量函数这个比较特殊的函数概念的重要性;魏尔斯特拉斯也建立起了他自己的复变量解析函数的理论,而他的工作在很大程度上是独立于柯西的工作的。

柯西和狄里希莱二人的研究倾向都影响了黎曼(G. Riemann,1826—1866);黎曼进一步研究了复变函数论,并大大发展了柯西的工作,而他在1854 年的"就职论文"①(Habilitationsschrift)中就是尽可能地推广狄里希莱对于实变量函数展开为三角级数这个问题的部分的解答。

黎曼这两方面的工作都给汉克尔(Hermann Hankerl,1839—1873)以深刻的印象。汉克尔在 1870 年发表的一篇论文就企图揭示:实变量函数的理论必然导致对于黎曼的复变量函数理论的限制或推广;而正是由于这些限制和推广,人们才开始了实变函数黎曼理论的相关研究。汉克尔的这些研究却使他被称为独立的实变函数理论的创立者。大约在同一时期,另一位德国数学家海涅②,则是在黎曼这篇"就职论文"的直接影响下,开始了关于三角级数的一系列新研究。

再往后,我们就会看到,康托既研究汉克尔的这篇论文,又在对于三角级数的展开式的唯一性定理中应用了自己关于无理数与点集合或数集合的"导集合"的概念。这些概念是魏尔斯特拉斯为了严格处理在柏林"关于解析函数"的讲座中提出的某些基本问题而引入的,是康托对其作了深刻研究而发展起来的。点集合的理论很快成为非常重要的独立理论,1882年,康托的"超穷数"的定义则已经与在数学中出现的有联系的那些集合互相独立了。

---

① 按照德国的规矩,一个人想要取得大学里的教职必须要作一次"就职演说"并提交一篇"就职论文"。黎曼的就职演说就是他在 1854 年在格丁根大学的著名讲演:**"论作为几何学基础的假设"**(*Über die Hypothesen welche der Geometrie zu Grunde liegen*)。这个题目是高斯根据黎曼本人的提议而确定的。"就职论文"题为**"关于利用三角级数表示一个函数的可能性"**(*Über die Darstellbarkeit einer Function durch eine trigonometrische Reihe*),是黎曼为了狄里希莱的问题而作(1854)。本文这一段讨论的就是这篇就职论文的意义。"就职演说"和"就职论文"在黎曼身后都正式发表,成为划时代的重要文章。——中译者注

② 海涅,对于实变函数理论有重要贡献,例如 Heine-Borel 定理等都与他有关。

Ⅲ

18 世纪,关于弦振动问题的研究①引出了一场争论。达朗贝尔(J. D'Alembert,1717—1783)坚持,在他给出的弦振动偏微分方程中的通解中出现的任意函数,一定会被限于具有某些性质,从而会被归化为当时已知的可以解析地表示的函数之内,而不至于在每一点上都是完全任意的。另一方面,欧拉则争辩应该允许一些这种"任意"的函数归入数学分析。后来,丹尼尔·伯努利(Daniel Bernouli,1700—1782)做出了弦振动方程的一个无穷三角级数形式的解,并宣称在某些物理基础上这个解和达朗贝尔的通解具有相同的一般性。正如欧拉(L. Euler,1707—1783)所指出的那样,这只在任意的函数② $\phi(x)$ 都可以展开为以下形式的级数时才有可能:

$$\phi(x) = \sum_{\nu} a_{\nu} \sin \frac{\nu \pi x}{l},$$

这个结论确实是成立的、即令当 $\phi(x)$ 不一定能展开为幂级数时也如此,这一点是首先由傅立叶证明的。他是由研究热传导而被引导到与弦振动同样的数学问题的,他的第一个研究成果是在 1807 年在法国科学院③宣读的。三角级数

$$\phi(x) = \frac{1}{2}b_0 + b_1 \cos x + b_2 \cos 2x + \cdots +$$

$$a_1 \sin x + a_2 \sin 2x + \cdots,$$

中的系数可以确定为

---

① 参见我在以下两篇论文:*Archiv der Mathematik und Physik*, 3rd series, vol. x, 1906, pp. 255-256;以及 *Isis*, vol. i, 1914, pp. 670-671 中的参考文献。这篇导读的很多材料引自我在上述刊物的以下各期:*Archiv der Mathematik und Physik*, 3rd series, vol. x, pp. 254-281;vol. XVI, 1909, pp. 289-311;vol. XVI, 1910, pp. 21-43;vol. XXII, 1913, pp. 1-21 中关于《超穷数理论的发展》的论述。

② 欧拉在这里考虑到的任意函数就是他自己称为"不连续函数"的那一类。但是,欧拉所谓的"不连续函数"和我们现在按柯西意义所理解的"不连续函数"并不相同。请参看我的下一篇论文:*Isis*, vol. i, 1914, pp. 661-703.

③ 其实应为巴黎科学院,下同。——中译者注

$$b_\nu = \frac{1}{\pi} \int\limits_{-\pi}^{+\pi} \phi(\alpha) \cos(\nu\alpha) d\alpha, a_\nu = \frac{1}{\pi} \int\limits_{-\pi}^{+\pi} \phi(\alpha) \sin(\nu\alpha) d\alpha,$$

这也要归功于傅立叶。这个确定方法可能独立于欧拉原来的确定方法,也可能独立于拉格朗日确定**有限**三角级数的系数时所用的类似方法。傅立叶也给出了他的级数的收敛性的一个几何证明,虽然形式上不完全精确,却包含了狄里希莱的证明的萌芽。

傅立叶级数的第一个精确的处理应该归功于狄里希莱[①]。狄里希莱把这个级数的前 n 项之和写成一个定积分,然后证明当 n 无限增加时,此积分在一定条件下就是意欲用以表示的函数。1864 年,利普希兹(Rudolf Otto Sigismund Lipschitz,1832—1903,德国数学家)在一定程度上把这些条件稍微弱化了一些。

这样,傅立叶的工作就引导人们对某些函数性态进行深思与精确处理,这些函数的性态与那些用代数式来定义的函数截然不同。在傅立叶以前,人们都不约而同地默认:所有可能出现在数学分析里的函数都是可以用代数式来定义的那种类型的函数。自此以后,研究那种不用代数式来定义的函数就成了数学分析工作的一部分。

在 19 世纪的前几十年里,开始发展起来一种比较特殊的虚的,也就是复的变量的函数的理论。高斯(德国数学家)至少是部分地懂得这个理论的,但是他没有发表成自己的结果,而这个理论的建立就归功于柯西(法国数学家)了[②]。柯西不如高斯那样有远见,洞察力也不如他那样敏锐,所以这个理论发展得慢,柯西对于"虚变量"的偏见也是逐渐才得以克服的。考察 1814 年到 1846 年这段历史,我们可以发现:开始傅立叶的思想对于柯西的概念有深刻的影响,后来柯西不愿接受他人的思想的倾向越来越严重,与此同时,这位心胸狭窄的天才异乎寻常地多产。柯西以在巴黎科学院的每星期一次的聚会上发表论文为骄傲,可能部分地就是由于这种情况,他的工

---

① *Sur la convergence des series trigonométriques qui servent à représenter une function arbitraire entre des Limites données*, Journ. für Math. , vol. iv, 1829, pp. 157-169; *Ges. Werke*, vol. i, pp. 117-132. [(导读第 18 页)脚注中讲到黎曼的"就职论文"就是为了改进狄里希莱的一篇文章,指的就是这一篇。——中译者注]

② 见 Jourdain, *The Theory of Functions with Cauchy and Gauss*, Bibl. Math. (3), vol. vi, 1905, pp. 190-207.

作的重要性得到了很不相称的评价。除此之外,他似乎没有哪怕近似地认识到复变函数理论的极大重要性,然而他在创造这个理论方面做了那么多。发展复变函数理论的任务就由**普伊瑟**(Victor Alexandre Puiseux,1820—1883,法国数学家),**布里奥**(Charles Auguste Briot,1817—1882,法国数学家)和**布盖**(Jean-Claude Bouquet,1819—1885,法国数学家)等人承担了。然而,以最为非凡的方式推进了这项事业的人当推**黎曼**(德国数学家)。

黎曼可能在两个方面都有赖于他的恩师狄里希莱。一是他之倾向于**位势理论**——这是他对于复变函数理论的经典性的发展(1851 年)①的主要工具,二是他之倾向于**三角级数理论**。他在 1854 年宣读的就职论文中讨论的一个函数之可能展开为三角级数问题(但是此文只是在他身后才发表)不仅为三角级数的所有的现代研究奠定了基础,而且启示了汉克尔(德国数学家)一种研究方法,而实变量函数论,作为一门独立学科的起源可追溯到这种方法。汉克尔的研究主旨来自对黎曼的复变函数论的基础进行的反思。他的目的是想要说明,正是数学发展的需要迫使我们超越函数的最一般的概念(这个概念是狄里希莱含蓄而非明显地提出来的),迫使我们引入复变量而最终达到这样的概念,即黎曼在他的就职论文中作为起点的函数概念。为此目的,汉克尔从他的 1870 年的论文《**对于无限次振动以及不连续函数的研究;对函数的一般概念的研究**》(*Untersuchungen über die un-endlich oft oscillierenden und unstetigen Funktionen; ein Beitrag zur Festellung des Begriffes der Funktion überhaupt*)开始了对狄里希莱的概念中所包含的各种可能性的彻底考察。

黎曼在他的 1854 年的论文中是从这样一个一般问题开始的。狄里希莱对此问题只解决了一个特例:如果一个函数可以展开为一个三角级数,则当自变量连续变化时,对于此函数的值的变动能得出什么样的结果?(也就是问,此函数变得不连续,以及达到最大最小值的最一般方式是什么?)傅立叶已经注意到,自变量是一个实变量时,傅立叶级数可能只对实

---

① 这里指的是由高斯指导的、黎曼的博士论文《**一个复变量函数的一般理论的基础**》(*Grundlagen für eine allgemeine Theorie der Functionen einer veränderlichen complexen Grösse*)。这也是现代复变量的解析函数理论的基础。——中译者注

变量收敛。这个问题黎曼并没有完全解决①，可能正是由于这个原因，黎曼的这篇文章才没有在黎曼在世时发表；但是有幸的是，这个问题中我们特别关切的那一部分，恰好将会填补狄里希莱一直在沉思的、对于无穷小计算（就是微积分学）的修订中的一个空白，狄里希莱最终所希望修订的是：用函数 $f(x)$ 可以展开为一个三角级数的必要与充分条件作为 $f(x)$ 的可积性，而这自然是黎曼的研究所必需的一个前提。当然，黎曼并没有做到这一点，但是他所做到的实际上不只是填补一个空白。他给出了一个积分程序，其意义比之柯西所思考的，甚至比狄里希莱本人所思考的要广阔得多。

黎曼还构造了一个黎曼可积性，但是在自变量的两个"任意邻近"的界限之间无穷多次不连续的函数如下：若 x 为一实变量，用 (x) 来表示 x 超过最邻近的整数点的值（正的或负的），而若 x 是两个整数点的中点，则令 (x) 为零，于是 (x) 是 x 的一个单值函数，而在 $x = n + \frac{1}{2}$ 处不连续，这里 n 是一个整数（正的、负的或零），而且分别以 $\frac{1}{2}$ 和 $-\frac{1}{2}$ 为上下界。进一步，ν 是一个整数，(νx) 是在点 $\nu x = n + \frac{1}{2}$ 处，也就是在 $x = \frac{1}{\nu}\left(n + \frac{1}{2}\right)$ 处不连续。所以，级数

$$f(x) = \sum_{\nu=1}^{\infty} \frac{(\nu x)}{\nu^2}$$

对于所有的 x 值均为收敛（添加因子 $\frac{1}{\nu^2}$ 以保证级数的收敛性）。黎曼证明了这个函数在所有的 $x = \frac{p}{2n}$ 处都是不连续的，这里 p 是互质（亦称互素）于 n 的奇数。$f(x)$ 就是黎曼所需要的，在自变量的两个任意邻近的界限之间，有无穷多个不连续点的黎曼可积函数。这个方法，在某一方面说来，正是汉克尔所推广的方法。在黎曼的这个例子中出现了一个解析表达式（实为级数

---

① 黎曼只得到了我们现时熟悉的**黎曼可积性**。但是如果一个函数只是黎曼可积，其傅立叶级数并不一定收敛。我们还知道，即令此函数是勒贝格可积，其傅立叶级数也不一定收敛，这个问题并没有得到完全解决。我对下面的文字也做了一点修改，希望给读者一点方便。——中译者注

式)——所以是一个欧拉意义下的"函数"——因为它有许许多多①的奇点,而不具有黎曼的"复变量函数"的所有一般性质,而汉克尔是给出了一种方法可以构造在每一个有理点都有奇性的解析表达式,这个例子正是说明了这个方法的原理。这样,汉克尔就宣称,每一个狄里希莱意义下的"函数",也都是欧拉意义下的"函数",但还有些保留。

然而,对于康托影响最大的人似乎还不是黎曼、汉克尔和他们的后继者——虽然这些人的工作与康托的工作的某一部分有密切联系——影响最大的是魏尔斯特拉斯,一个与黎曼同时代的人,他用很不相同而更加严格的方法研究了解析函数理论中许多同样的问题。

IV

魏尔斯特拉斯在 1857 年进入柏林科学院时所作的演说中说,从他在(1839—1840 年冬季学期)就学于他的导师古德曼(Christoph Gudermann,1798—1852,德国数学家)而初次接触到椭圆函数的时候起,就被分析的这个分支强力地吸引住了。那时,阿贝尔,挪威数学家,在数学的任何领域里,他总是站在最高点,发现了一个定理,涵盖了所有来自代数微分式的积分所给出的一切**超越性的对象**②,而阿贝尔的定理对于这些"对象"之意义犹如欧拉积分对于椭圆函数的意义……后来雅可比(Carl Gustav Jacob Jacobi,1804—1851,德国数学家)成功地证明了**多变量**周期函数的存在,其基本性质正是由阿贝尔的定理确定的,而阿贝尔的定理的实质和真正的含义也可由此判断出来。"说真的,我认为,把这样一种在数学中还没有实例的全新

---

① "许许多多"对应的原文是 manifold,从字面上看,应译为"流形"。但是实际上这个字在这里是来自德文 Mannigfaltigkeit。在当时,流形的概念还没有广泛地进入数学,所以 Mannigfaltigkeit 以及 manifold 应该按其德文原意来翻译。所以中文译文中有时译为"多样性",甚至译为"集合",视情况而定。下文这种情况很多,将不一一说明。——中译者注

② 原文为 transcendents。按照现在流行的"定义"transcendental functions（超越函数）就是非代数函数,鉴于在魏尔斯特拉斯提出关注于阿贝尔的工作时,代数函数与超越函数的研究尚未充分发展,而魏尔斯特拉斯也只是把代数微分的积分与代数性质的对象对立起来,所以我们把 transcendents 译为"超越性的对象"。下同。——中译者注

的量表现出来并加以研究,是数学的主要问题之一,而当我清楚地认识到这个问题的内涵与意义时,我就决定献身于它了。当然,如果只是在想这个问题,而不首先彻底研究其方法,以使自己得到充分的准备,或只是忙于一些不太难的问题,那当然是愚蠢的。"(康托)

这里只是顺便讲到魏尔斯特拉斯的工作**目的**:而他的**方法**——即上文中用他自己的话讲到的**彻底研究**——才对于我们的主题和函数论具有同样的决定性的影响。所以,我们将要跳过他早期对于解析函数理论的——只是到了 1894 年才发表——研究,也跳过他后来对同一主题的工作,以及他对阿贝尔函数的研究,而径直考察他在算术基础上的极为重要的工作,而这正是他为了满足解析函数的严格理论的需要而作出的。

按照我们刚才的说法,魏尔斯特拉斯的工作的终极目的是研究阿贝尔函数。但是他 1886 年夏季的一系列讲座中的引言中却表示了另一种更加哲学化的观点。这些讲义由**米塔格-勒夫莱尔**(Magnus Gustaf Gösta Mittag-Leffler,1846—1927,瑞典数学家)保存下来了[①],魏尔斯特拉斯在其中说道:"为了深入数学科学内部,研究个别的问题是必不可少的,这些具体问题向我们显示出数学科学的范围和构成。但是我们必须时刻牢记最终要对科学的基础可靠性达到巩固的判断。"

1859 年,魏尔斯特拉斯在柏林大学开始讲授解析函数理论课程。按我们现在的观点看来,这件事的重要性在于他很自然地要对理论的基础给予特殊的关注,指明必须考察它的基础。

一方面,魏尔斯特拉斯的函数论的特点是废除了柯西和高斯的复积分方法,而黎曼则采取了这个方法;魏尔斯特拉斯在 1875 年 10 月 3 日给他的学生施瓦兹(Hermann Amandus Schwarz,1843—1921,德国数学家)的信中宣布了他的如下信念,即在系统的基础里,最好是不要用积分:

"我越是沉思函数论的原则,——而我在不断地做这件事,——我就越是坚定如下的信念,即这个理论必须建立在代数真理的基础上,所以,反向而行,利用超越性的对象(我使用这样的词句是为了把话说得简略一点)来

---

① *Sur les fondements arithmétiques de las théorie des fonctions d'après Weierstrass*, Congrès des Mathématiques à Stockholm, 1909, pp. 10.

证明简单而更加基础的代数定理,这条道路并不正确;尽管黎曼沿这条道路发现了代数函数的那么多极重要的性质,这些性质是那么吸引人。当然,作为一个发现者,采用哪一条道路、显然都是可以的;我只是在思考理论的系统建立。"

另一方面,其重要性远远超过积分问题,那就是解析函数理论的系统处理,从一开始 (拉丁文 ab initio)就引导魏尔斯特拉斯对算术的原理进行深刻的研究,而这些研究的伟大成果——即他的无理数理论——对整个数学的意义怎么说也不为过,而我们现在的主题,可以说几乎完全归功于这个理论以及后来康托对它的发展。

在解析函数理论中,我们时常要用到这样一个定理,就是说,如果在复平面的任意一个有界区域里给定了无穷多个点,则此区域中必定至少存在一个这样的点,使得包含这个点的任何邻域中都有无穷多个给定的点。数学家时常用下面这种相当含混的话来表述这件事,例如:"有这样一个点,在其附近有一些互相无穷接近的给定的点。"如果我们为了证明它而采用了一种看似自明的方法:就是把这个区域逐次平分,则会有这个区域的一部分包含了无穷多个给定的点,①于是我们就会得到所求证的结论,即存在一个点,使得在它的**任意**邻域中都还有其他的给定的点,也就是说,存在一个所谓的"**凝聚点**"(point of condensation)。——这时,也只是在这时,我们才证明了:任意一个无穷级数的"无穷和",当此级数的任意有限多项的和总不超过某个给定的有限的数时,才能定义一个数(有理或无理)。与这个命题对应的几何类似命题可能被宣称为显然的;但是如果我们在函数理论中的理想——甚至在魏尔斯特拉斯的时代,这个理想已经被认为是合理的,而且已经部分地达到了——是仅仅以数的概念为基础

---

① 波尔查诺(Bernard Bolzano,1781—1848,捷克数学家)在 1817 年第一次使用了这个方法。

来建立函数的理论，①这个命题就会引起这样一种思考，使得无理数的一种理论，如魏尔斯特拉斯的那一种无理数理论可以由此建立起来。至少有一个凝聚点存在的定理是由魏尔斯特拉斯用逐次平分的方法证明的，而他特别强调这一点。

魏尔斯特拉斯在他关于解析函数的讲义的引言中特别强调，只要我们承认了关于整数的概念，算术理论就再也不需要其他的公设，而可以以纯粹逻辑的方式建立起来，他还强调，一一对应在计数上是基本的概念。但他对无理数的纯粹算术的引入是他与前人最大的分水岭。这可以从对于不可通约量的历史的思考看出来。

古希腊人发现了不可通约的几何量的存在，由此就逐渐地认为，算术和几何作为两门互为类比科学并没有逻辑基础。这个观点至少部分地源自于对芝诺（Zeno）的著名的论证的仔细的考虑。解析几何事实上是把几何与算术（或者宁可说是与**"万有算术"**②（*Arithmetica Universalis*））等同起来，在魏尔斯特拉斯以前，无理"数"的引入或明或暗是用的几何方法。牛顿和他的大部分继承者都认为数具有几何的基础。到了 19 世纪，柯西明确地接受了同样的观点。在他的 1821 年的**《分析教程》**（*Cours d' analyse*）一书的开始处，他定义"极限"概念如下：若对一个变量相继赋予的值无限地接近一个定值，以致变量与此定值之差最终要多小就有多小，这个定值就称为变量所有其他的值的**"极限"**；柯西还指出："这样，无理数就是变动的分数的极限，而这个变动的分数给出了对这个无理数的越来越接近的近似值。"如果我们把后一段话当作定义，——然而，柯西并没有

---

① 把分析从几何学中分离开来，如在拉格朗日、高斯、柯西和波尔查诺的工作中出现的那样，是数学家中间这样一种倾向的后果：这个倾向就是在定义他们所使用的概念上、在进行他们的推导上，从而在发现他们的概念和方法适用的范围上，对逻辑准确性有日益增加的要求。然而，把分析建立在纯粹算术的基础上——就是被称为"算术化"——和逻辑严格性之间的真正联系，只有在证明了一个比较现代的命题以后才能确定地以及有说服力地表现出来。这个命题就是：纯粹数学的所有概念（包括数的概念）都必须是完全合乎逻辑的。这个命题仅仅是我们正在描述的理论的发展所必然带来的最重要的推论之一。

② *Arithmetica Universalis* 其实是牛顿所写的一本书的书名，大约是在 1707 年匿名发表的，可能是因为牛顿不喜欢这本书，所以不肯具名。书的内容既有算术和代数的一些符号，也有代数与几何的关系，还有例如笛卡儿关于多项式方程的根的符号法则，还有例如后来的 Newton-Raqphson 方法的不严格的讲解。——中译者注

这样做,虽然有人这样做了,——则"无理数"就定义成了有理数的某个和,而这就相当于预先假设了这些和有一个极限在。在另一场合,柯西则定义:称由序列①$u_0, u_1, u_2, \cdots, \cdots$ 所成的级数 $u_0 + u_1 + u_2 + \cdots + \cdots$ 为**收敛**,就是指和 $s_n = u_0 + u_1 + \cdots + u_{n-1}$ 当 n 增加时总会无限地接近于一个极限 s。在这之后柯西又指出:"由上述原理,为使序列 $u_0, u_1, u_2, \cdots$ 所成的级数 $u_0 + u_1 + u_2 + \cdots$ 为**收敛**,其必要充分条件是:恒为上升的 n 值使得和 s_n 无限地收敛于一个固定的极限。换句话说,其必要充分条件就是对 n 的无限大的值,和 $s_n, s_{n+1}, s_{n+2}, \cdots$ 与此极限 s 之差为无穷小量,从而这些和相互之间也只相差无穷小量。"所以,必要而且充分地有:当 n 增加时,对于不同的 m,和 $u_n + u_{n+1} + \cdots + u_{n+m}$ 所得到的值之差最终恒小于任意一个指定的数。

如果我们知道了和 s_n 有极限 s,就立刻可以证明这个条件的必要性;但是为证明其充分性(即如果对任意给定的正有理数 ε,必可找到一个整数 n,使得对于任意整数 r 均有

$$|s_n - s_{n+r}| < \varepsilon,$$

则极限 s 必存在),就需要对于实数系已经有了定义,因为想要证明其存在的极限将是一个实数。如果再定义实数就是一个"收敛"级数的极限,这显然是一个循环论证,因为我们已经说到的"收敛"级数的定义——就是一个有"极限"的级数——里所涉及的极限已经包含了一般的"实数",除非我们限制只考虑有理数为极限②,就会既用了实数来定义极限、又用了极限来定义实数。

下面这种做法对于"直觉"似乎是显然的:在直线上作线段 $s_n, s_{n+1}, s_{n+2}, \cdots$,使之满足以上的条件,则一定会有一个"极限"的长度 s(可能是可通约的,也可能是不可通约的)存在;正是在这样的基础上,我们称柯西的实数理论是一种几何理论也是有道理的。但是这种几何理论在逻辑上并不令人信服,而魏尔斯特拉斯既已用了一种不依赖于"求极限过程"的

---

① 原文作"级数 $u_0, u_1, u_2, \cdots$"本书似乎是总是将级数各项所成的**序列**称为**级数**。因为这与我们现时的习惯不一致,可能引起混淆,所以译文都改成符合现在习惯的说法。下文均如此,不再每次都提醒。——中译者注

② 关于波尔查诺、汉克尔和斯托尔兹(Otto Stolz, 1842—1905, 奥地利数学家)企图不用实数的算术理论即可证明上述判据的充分性,可见 *Ostwald's Klassiker*, No. 153, pp. 42, 95, 107.

方式定义了实数,则再用几何方法也就没有必要了。

这里的要点可以简单概括如下,魏尔斯特拉斯以前,人们以为引入无理数的有望成功的算术理论都有如下的逻辑错误[①]:他们从有理数系的概念开始,定义一个有理数的**无穷级数**的"和"(这是一个有理数序列的极限),并认为这样就已经把自己提升到了实数系的概念。错误在于没有看到这样一个事实:有理数的无穷级数的"和"(b)只有在实数——b 就是一个实数——已经得到定义后才能得到定义。康托在一篇论文[②]中顺便谈到(法文 *à propos*)"我相信第一个避免了这个逻辑错误的是魏尔斯特拉斯,在他以前人们普遍地都没有注意到这一点。其所以没有注意到,是由于逻辑上真正的错误并没有在实际计算中导致更重要的错误,而这是非常罕见的情况。"

这样,我们必须牢记,无理数的算术理论绝不能把无理数定义为某个无限过程的"极限"(因为极限是否存在还可能有问题),而必须这样做:即在进行任何讨论之前,先要定义了无理数之后,才能讨论在什么情况下才真正能定义极限。

按魏尔斯特拉斯所说,一个数仅在我们知道它是由哪些元素构成的,而且知道每个元素在此数中出现多少次,只在这时,才能说这个数已经"被确定"(determined)。所以魏尔斯特拉斯称一个数其实是一个集合。在考虑由一个主单位和无穷多个它的等量分割(aliquot)所构成的数时,魏尔斯特拉斯当知道构成这个数的元素(即集合)是哪些对象[③],又知道每一个这样的对象在此数中出现的次数(次数一定是有限的)时,就称这个数(即集合)为一个(确定的)"**数性的量**"(*Zahlengrösse*)。由有限多个元素构成的这种集合被认为等于其元素的**形式和**[④],而两个由有限多个元素构成的这种集合的相应的形式和为相同时,就认为这两个集合(亦即

---

① 必须记住,柯西的理论并不是这种理论之一,因为柯西根本没有打算用算术方法来定义实数,而只是简单地在几何学的基础上预先假设了实数系的存在。

② *Math. Ann.*, vol. xxi, 1883, pp. 566. [这是康托的一篇非常重要的论文。下文中经常会引用它,并且恒简记为《基础》(*Grundlagen*)。这一点下面有一个脚注会详细谈到。请参看本书导读 35 页和 55 页脚注——中译者注]

③ 元素的种类不一定是有限的。

④ "形式"二字是我加的。——中译者注

这两个数性的量）为相等的**数性的量**。①

　　[现在我们进一步来解释魏尔斯特拉斯的思想，并且把这些解释看成是脚注①的一部分。]一般的数性的量 a 和与一般的有理数 r 有什么关系呢？② 如果可以从 a 中分离出一个子集合 r，就说 r **被包含**在 a 中。说一个数性的量 a 为"**有穷的**"，就是指存在一个有理数 R，使得每一个包含在 a 中的有理数均小于 R。如果我们看一个特例，并作一点联想，就容易理解魏尔斯特拉斯的真意。把主单位理解为 1，而把 e_n 理解为 10^{-n}，则每一个数性的量都可以写成 $\sum_n (\lambda_n/10^n)$。这就是一个形式的无穷十进小数（不过，真正的十进小数还应该在 $n>0$ 时规定 $\lambda_n = 0, 1, 2, \cdots, 9$，但对 λ_0 则不必加此限制：因为它就是这个十进小数的整数部分）。因为我们现在的目的只是为了说明魏尔斯特拉斯的基本思想，所以不加追究，而且就把数性的量简单地称为实数。这样，我们有了两种表示实数的方法：一是把它看成一个形式的十进小数 $\sum_n (\lambda_n/10^n)$。如果在这些系数中只有有穷多个 $\lambda_k>0$，就会得到一个有理数，而且我们可以借用我们熟知的语言，说这个有理数"小于"实数 $\sum_n (\lambda_n/10^n)$。总之，在十进小数的表示法中，可以比较大小。第二种表示实数的方法是认为这些系数构成一个集合 $\{\lambda_n\} = \{\lambda_0, \lambda_1, \lambda_2, \cdots, \lambda_n\}$。如果这个集合中只有有穷多个 $\lambda_k>0$，就会得到 $\{\lambda_k\}$ 的一个子集合，而这个子集合表示有理数 r。

──────────

　　① 我以为有必要对这一段话加一些解释。正文中说到"魏尔斯特拉斯所谓的**数**"，这里所谓的"**数**"并不是按我们直观理解的数或者有理数，而是魏尔斯特拉斯准备去定义的数，也就是他所说的**数性的量**。如果我们把他说的主要单位记为 e，而其 n 等分的量记为 e_n，其出现的次数 λ_n 又规定为有限的正整数，则数性的量就可以写成一个形式和 $\sum \lambda_n e_n$。这里的 λ_n 确实是我们大家都理解的正整数。**数性的量**也不是我们熟悉的例如几何量之类，而是假借"量"这个字来表示一个研究的对象。所以，**数性的量**其实只不过是"具有我们通常所了解的"**数**"所具有的特性的一种新的研究对象"而已。那么，所谓"数"所具有的的特性具体是什么呢？首先，什么叫作两个**数性的量**的相等？上面已经说了，就是这两个集合相同，也就是说它们可以用同样的形式和来表示。再往下说，它们应该可以比较大小；对它们应该可以进行加法和乘法两种运算。它们既然不是我们所熟悉的例如有理数那样的数，则有理数作为**数性的量**有什么特性呢？不具有这种特性的**数性的量**是不是就算是无理数呢？由此是否就可以得到无理数的定义，而不需要任何"极限"过程呢？这些就是下文打算解决的问题。这个脚注尚未写完，我将在下一节继续写。──中译者注

　　② 此处开始至 17 页楷体部分为我添加文字。──中译者注

第一种表示方法其实是我们曾经见过的,它就对应于戴德金(德国数学家)分割。所谓戴德金分割就是利用一个实数 a 把有理数 r 分成两类:凡使 $r \leq a$ 的称为**下类**(lower class),而使 $r>a$ 的则称为**上类**(upper class)。例如,如果假设了存在一个有理数 R,使得 a 中下类中的有理数均小于 R,即假设了有理数 R 为上类之元,亦即上类非空,而 a 为有限的。然后考虑下类有最大元(或上类有最小元)的情况,以及下类只有上确界而没有最大元的情况。在这两种情况中,在第一种情况下得到 a 为有理数,在第二种情况下则得到 a 为无理数,从而生成了实数系。把这个思想用于我们的情况:假设 $a = \sum_n (\lambda_n/10^n)$,并设它是一个收敛级数,经过一些必要的计算、就可以得到: $r = \sum_{只有有穷多个\lambda_n \neq 0} (\lambda_n/10^n)$ 构成 a 的下类。

第二种方法是把注意力放在数性的量的形式和 $\sum \lambda_n e_n$ 的"系数"所成的集合 $\{\lambda_n\} = \{\lambda_0, \lambda_1, \lambda_2, \cdots, \lambda_n\}$ 上。如果这些系数中只有有穷多个不为零,则得到正文中说的有理数。在戴德金分割理论中,我们是取下类的上确界(有时是最大元) 为实数的定义,而在正文中,则是取 $\{\lambda_n\} = \{\lambda_0, \lambda_1, \lambda_2, \cdots\}$ 中适合条件"只有有穷多个 $\lambda_n \neq 0$"的子集合的**"并"**(union)为实数的定义。现在看来,这两种方法之互相联系是很自然的。至此我们要再强调一次,魏尔斯特拉斯说得很明确:不能用"极限"来定义无理数,但是他说的极限是指一般的数列的极限: $\lim_{n\to\infty} a_n [\lim_{t\to\infty} f(t)$ 也不行,这里 t 是连续变量]。现在我们用的是确界和并集,它们都不是简单的数列的极限。虽然确界与数列的极限是有联系的,但毕竟不是一回事。可能有的读者因为现在我国一般的高校教材都是把确界放在讲极限理论内容中去讲,所以误以为二者是一回事。这也违反了魏尔斯特拉斯的论断。

那么还有没有其他定义实数的方法? 当然是有的。例如下面马上就要讲到康托的定义:康托用的是满足柯西条件的数列[康托本人称之为

"**基本序列**"(fundamental series)]。① 从这里的论述可以看到,其实,数学分析的许多基本定理(除了上述各个定理以外,更应该提到魏尔斯特拉斯-波尔查诺定理)都必须归结为实数理论。这一点似乎在我国普通高校的教学中都未得到充分的重视。

我们说两个数性的量 a,b"相等",就是指每一个包含在 a 中的有理数也都包含在 b 中,并且反之亦然。如果 a 和 b 不相等,则必有至少一个有理数包含在 a 里,但不包含在 b 里,或含于 b 中但不包含在 a 里:在第一种情况下,就说 a"大于"b;而在在第二种情况下,就说 a"小于"b。

魏尔斯特拉斯把定义如下的数性的量 c 称为两个数性的量 a 和 b 的"**和**":这个数性的量 c 也是一个集合,其元素必定都出现在 a 或 b 中,而在 c 中出现的次数等于其在 a 中出现的次数加上其在 b 中出现的次数。a 和 b 的"**积**"则定义为由这样定义的集合所表示的数性的量,它是一个集合,其元素是由 a 中出现的每一个元素以一切可能方式与 b 中出现的每一个元素相乘而得。任意有穷多个数性的量的乘积也是由同样的方式来定义的。

无穷多个数性的量 $a,b,\cdots$,的"**和**"就定义为这样一个集合 (s),其元素 e 必出现在 $a,b,\cdots$ 的(至少)一个中,而 e 出现的次数 (n) 等于它出现在 a 中的次数加上它出现在 b 中的次数。为使这样得出的数性的量 s 是有穷而且确定的,就必须规定其中的每一个元素只出现有穷次,而做到这一点的必要充分条件是:可以指定一个数 N,使得数性的量 $a,b,\cdots$ 中的任意有穷多个之和均小于 N。

以上所述就是魏尔斯特拉斯的实数理论的要点。应该注意的是,在魏尔斯特拉斯那里,这些新的数,即魏尔斯特拉斯所谓的数性的量——是过去已经定义了的数所成的集合;现在,在较好的教材里,这种观点也不时出现,这种观点有一个重要的优点,就是极限的**存在**可以在这个理论中得到证明。对这一观点第一个给予充分强调的是**罗素**(Bertrand Arthur

---

① 这里我们还不能不提到一位法国数学家**梅雷**(Hugues Charles Robert Méray, 1835—1911)。他甚至早于康托也给出了无理数的算术定义:有界单调数列的极限。有界单调数列必有极限存在的证明是不可能归结为一般数列的极限的。梅雷虽然有可以与康托并论的成就,可是一直没有得到人们的承认。其公认的原因是对于数学基础的研究在法国远未如在德国那样地得到重视。

William Russell,1872—1970,英国哲学家）。这样做的优点就在于可以通过实际的构造来证明**确实存在一个数**,它是某个满足一定的"**有限性**"或"**收敛性**"条件的级数的极限。由于这个原因,以下凡遇到"数性的量"这样的说法,或者把数解释为一个集合这样的说法,若无必要我们总是简单地就称之为**实数**。① 如果引入实数时没有采用适当的定义,或者简单地说实数是"**我们的心智的创造**",甚或更糟一些说实数只不过是一个"**符号**",则实数的存在性是不能证明的。②

如果我们考虑实数的一个无穷集合,并且为了生动起见,把它与直线上的一个无穷"点集"相对应,我们就有以下的定理:在直线上的一个有界区域③内,至少存在一个点,使得在它的一个任意小的邻域内都有此集合的无穷多个点。如我们说过的那样,这个定理是以波尔查诺和魏尔斯特拉斯命名的,而魏尔斯特拉斯的证法是先把这个集合平分,再把含有无穷多个点的一半逐次平分。这个过程会定义一些数性的量,就是这个问题的"**凝聚点**"(*Häufungsstelle*)的集合。对于复数所成的 2 维区域也有类似的定理成立。

如果在一个由实的数性的量所成的集合中,所有的元素 x(即由原来已经定义了的,例如有理数所构成的**实数**)的大小均小于某个有限数,这个集合就称为**上有界的**(bounded from above),而且有**上界**(upper bound)和**上确界**(supremum,记号为 sup) 的概念;类似地有**下有界的**(bounded from below)的概念,**下界**(lower bound)和**下确界**(infimum,记号为 inf)④的概念。这个上界可以定义如下:上界就是这样一个数性的量 G,使得此

① 这里不说它是一个**新数**,而直接称之为**实数**,更接近现在的读者的习惯,行文也更加简洁。——中译者注
② 见 Jourdain,*Math. Gazette*,Jan. 1908,vol. iv,pp. 201-209.
③ 原文作"in this domain"恐不妥当,因为这里有明显的反例: x 轴上坐标为整数的点集 $\{\cdots,-2,-1,0,1,2,\cdots\}$ 显然不会有正文说的凝聚点。所以译文改为"直线上的一个有界区域"。——中译者注
④ 原文作 upper Limit 和 lower Limit。这些名词和现在通用的国内教材很不一样,而且现在说的**上下极限**虽然英文名词也是 upper Limit 和 lower Limit,含义却大不相同。所以译文作了较大的变动。但是区间的记法如($G,\cdots,G\text{-}\delta$)却没有改动,G 和 $G\text{-}\delta$ 总表示区间的端点,但是哪一个是左端或右端,以及端点是否在区间内,却没有说明,因为其含义从上下文可以清楚地看到而不至于引起误会。——中译者注

集合中的任何一个 x 的大小均不会超过 G，或者某些 x 等于 G，或者某些 x 位于任意小区间 $(G,\cdots,G-\delta)$ 内，端点 G 要**除外**。对下界也有类似的论述。

必须注意的是，如果有 x 的一个有穷集合，这些 x 中必至少有一个是其上界，而若此集合是无穷的，则这些 x 中**可能**有一个是其上界。在这种情况下，此点不一定也是其**凝聚点**（当然也可能是）。这样，在上面的解释中，"某些 x 等于 $G\cdots$ 某些 x 位于任意小区间 $(G,\cdots,G-\delta)$ 内，端点 G 要**除外**"这一段话中，"要除外"要改成"**要包括在内**"。

魏尔斯特拉斯也发展和强调了一个实变量的（一般的或"狄里希莱的"）实单值函数的上界和下界的理论，特别是证明了下面的定理：令 $y=f(x)$[①]，当 x 位于某个由 a 到 b 的区间[②]对应值 $y=f(x)$ 集合的上确界为 G。对于下确界也有类似的结果。

如果相应于 $x=X$ 的 y 值是 G，则上确界也称为 y 的"**最大值**"，而如果 $y=f(x)$ 是 x 的**连续函数**，则上确界必定就是最大值。换句话说，**连续函数**一定能够达到上下确界。至于定义在一个闭区间上的连续函数可以取其上下确界之间的任意值至少一次，则是由波尔查诺（1817 年）和柯西（1821 年）证明的，但是魏尔斯特拉斯的实数理论第一次使得这些证明严格起来。[③][④]

---

① 甚至当函数值 y 对于闭区间 $a \leqslant x \leqslant b$ 中的每一个 x 点都取有穷值时，这些 y 的绝对值也不一定会小于一个有穷数（例如，在区间 $0 \leqslant x \leqslant 1$ 中，定义 $f(x) = \dfrac{1}{x}$，[$x>0$ 时]；$f(0)=0$ 就是一例）。如果这些值确实都小于一个有穷数（一致收敛级数的和就是这样），这些 y 确实会有一个有穷的上述意义下的上下确界。

② 即为闭区间 $[a,b]$ 之内点。这里我还要加几句话：原书没有明确指出"由 a 到 b"是一个闭区间。原书似乎没有特别注意区间的开或闭，但是本页脚注①中确实说到 $a \leqslant x \leqslant b$。虽然正文中的"由 a 到 b"和这里的闭区间 $[a,b]$ 不一定是一回事，但是在魏尔斯特拉斯的研究中，区间的开闭的影响已经很清楚了。此书成书是在 1915 年，而在现在我国通用的教材中总是要指出 $[a,b]$ 是闭区间的，所以译者在此补充说明了所论的区间是闭的。——中译者注

③ 还有另一个应该归于柯西和杜·波瓦-雷蒙（Paul du Bois-Reymond, 1831—1889, 德国数学家）的与上下确界相近的概念，即上下极限（Limit superior, 其记号可以是 Limsup；以及 Limit inferior, 其记号可以是 Liminf）。但是柯西和杜·波瓦-雷蒙却使用了拉丁文的名词 Limites。它们就是**最大和最小的凝聚点**。这里，最大和最小是可以达到的，即仍为凝聚点。

④ 现在通用的数学分析教材则简单地称它们为**上（下）极限**，记号仍如上。——中译者注

最重要的是要认识到,在魏尔斯特拉斯以前,无穷集合的凝聚点理论和作为函数理论基础的无理数理论几乎都没有被研究过,也从未得到如此重要的结果。魏尔斯特拉斯比他以前的人在研究算术的原理上走得更远。但是我们也应该认识到,还有一些问题,例如自然数的本性,魏尔斯特拉斯对之也没有做出过任何有价值的贡献。虽然从逻辑上说,这个问题应该是算术中首先研究的问题,但是从历史上说,它们却很自然地最后才被人研究。为了研究这些问题,在算术里需要有康托发现超穷数,并发展成为有穷和超穷的**基数**和**序数**理论,在逻辑里也需要得到如戴德金、弗雷格(Friedrich Ludwig Gottlob Frege,1848—1925,德国哲学家、数学家和逻辑学家)、皮亚诺(Giuseppe Pearro,1858—1932,意大利数学家、逻辑学家)和罗素所作出的发展——正是自然数理论发展的要求使得这个必要性变得明显起来。

V

格奥尔格·费迪南·路德维希·菲利普·康托(Georg Ferdinand Ludwig Philipp Cantor)1845年3月3日生于俄罗斯的圣彼得堡,在那里一直生活到1856年;从1856年到1863年,他住在德国南部的一些城市,如威斯巴登(Wiesbaden)和法兰克福(Frankfurt)。法兰克福位于美茵(Main)河畔,还有达姆施塔特(Darmstadt);从1863年秋季学期到1869年复活节学期则住在柏林。1869年,在哈雷大学(因为哈雷城位于萨勒(Saale)河畔,所以此城正式名称是 Halle am Saale,简写为 Halle a. S.)得

到了无薪讲师的教职,1872 年升为副教授,1879 年起担任正教授。[①] 当他
还在柏林求学时,康托就受到魏尔斯特拉斯很大影响,而他最初的数学论
文的部分内容就与无理数理论有关,其中,他用满足柯西的收敛性条件的
数列来定义无理数,而不是像魏尔斯特拉斯那样——用具有无穷多元素,
而且满足一个很复杂的条件的对象来定义无理数。魏尔斯特拉斯所用的
条件虽然和柯西的收敛性条件是等价的,但是在计算方面不如柯西的收
敛性条件那么方便。

康托的无理数理论是他在研究三角级数过程中提出来的。现代的三
角展开式理论中有一个唯一性问题。康托的研究则与证明最一般的三角
级数的唯一性有关,所谓最一般的三角级数就是说其系数并不一定具有
(傅立叶)积分形式。

康托在其 1870 年的一篇论文中证明了下面的定理:若

$$a_1, a_2, \cdots, a_\nu, \cdots \text{和} b_1, b_2, \cdots, b_\nu, \cdots$$

是两个无穷序列,而且对已给的实数域中的区间 $(a<x<b)$ 中的每一个 x
值,当 ν 增加时

$$a_\nu \sin(\nu x) + b_\nu \cos(\nu x)$$

的极限为零,则当 ν 增加时 a_ν 和 b_ν 也都收敛于零。这个定理将导出三
角级数

$$\frac{1}{2} b_0 + a_1 \sin x + b_1 \cos x + \cdots + a_\nu \sin(\nu x) + b_\nu \cos(\nu x) + \cdots$$

的一个收敛性判据,而黎曼是在系数具有积分形式的假设下证明了这个
判据的。在随后发表的一篇论文中,康托利用这个定理来证明:函数
$f(x)$ 可以在每一点 x(但是可能有有穷多个 x 点例外)都收敛的三角级数
表达式只有一个;如果两个三角级数之和只在有穷多个 x 点不同,则这两
个三角级数一定完全相同。

---

① 在本节(即 V)中,我们将特别考虑康托的以下的论文,而它们已经是康托的著作中的很大
的一部分了:Journ. *für Math*, vol. lxxvii 和 lxxxiv, 1874 和 1878;*Math, Ann.*, vol. iv, 1871;vol. v, 1872;
vol. xv, 1879; vol. xvii, 1880;, vol. xx, 1882;, vol. xxi, 1883. [杂志 Journ. *für Math* 时常也称为 *Crelle* 杂
志。这两篇论文的标题是:*Crelle, Über eine Eigenschaft des Inbegriffes aller reellen algebrischen Zahlen*,
vol. 77, 1874, pp. 274-288;*Crelle, Ein Beitrag zur Mannigfaltigkeitlehre*, vol. 84, 1878, pp. 242-258. *Math,
Ann.* 上的几篇论文下面还会详细讲。请参看本书 55 页脚注。——中译者注

1871 年,康托又对唯一性给了一个更简单的证明,而且把这个定理推广为:如果三角级数表达式对 x 的每个值都收敛到 0,则表达式的系数都是 0。同年,他也对下述定理给出更简单的证明,即若对于 $a<x<b$ 都有 Lim $\left(a_\nu\sin(\nu x)+b_\nu\cos(\nu x)\right)=0$,则两个极限 Lim$a_\nu$ 和 Limb_ν 都是 0。

1871 年 11 月,康托又进一步推广了他的定理,证明了即使在区间 0 到 2π 中舍弃了 x 的某一个**无穷集合**不顾,三角级数的和的收敛性或相等性也不会受到影响。为了描述此时这个无穷集合的构造,康托先是作了"一些解释,或更确切地说是一些简单的提示,把有穷或无穷多个数性的量之不同形态完全地表示清楚",以便使得有关的定理的陈述尽可能地简洁。

为了达到关于**数性的量**这个更为广泛的概念,可以以有理数(包括 0)的集合 A 为基础、进一步推广为新的**实数**(其中实际上包括一类**新数——即无理数**)。我们首先遇到的推广是:有无穷的有理数序列①

$$a_1,a_2,\cdots,a_\nu,\cdots, \tag{1}$$

设它是按某个规律给出的,而且对于给定的任意小的正有理数 ε,必有一个正②整数 n_1,使得不论正整数 m 是多少,恒有③

$$|a_{n+m}-a_n|<\varepsilon \quad (n\geq n_1)。 \tag{2}$$

康托把这个性质用文字表述为"序列(1)有一个确定的极限 b",而且特意说明这些文字在这里只是为了确切地说:这个序列具有上述性质。正如我们把(1)与一个特殊的记号 b 联系起来一样,必须对同一种类的其他序列使用不同的记号 $b',b'',\cdots$ 然而,由于这样一个事实,即"极限"可以预先地定义为一个数 b(如果它存在的话),使得当 ν 增加时,$|b-a_\nu|$ 无穷地变小,所以最好是不使用文字,而像海涅(德国数学家)陈述康托的工作时所做的那样,说序列 (a_ν) 是一个"**数的序列**"(number-series),或者如康托后来的说法那样,说 (a_ν) 是一个"**基本序列**"(fundamental series)。

---

① 关于序列和级数二词的用法,见本书第 27 页脚注①。——中译者注

② "正"字是我加的。——中译者注

③ 可以证明条件(2)是序列(1)的极限为魏尔斯特拉斯意义下的"有穷的数性的量"的充分必要条件;所以康托的无理数理论被描述为魏尔斯特拉斯的无理数理论的一个巧妙的变体。

令第二个序列

$$a'_1, a'_2, \cdots, a'_\nu, \cdots \qquad (1')$$

另有一个确定的极限 b'，我们将发现，(1)和(1')之间恒有以下三种关系之一，而且这三种关系是互相排斥的[①]：(a)当 n 无限地增加时，$a_n - a'_n$ 将成为无穷小；(b)从某一个 n 开始，$a_n - a'_n$ 将一直大于某个正有理数 ε；(c)从某一个 n 开始，$a_n - a'_n$ 将小于 $-\varepsilon$。在这三种情况下，我们分别说

$$b = b', b > b', b < b'。$$

类似地，我们将发现，在序列(1)的各个有理数 a 之间必有也只有以下三种关系之一成立，即(a)当 n 无限地增加时，$a_n - a$ 将成为无穷小；(b)从某一个 n 开始，$a_n - a$ 将一直大于某个正有理数 ε；(c)从某一个 n 开始，$a_n - a$ 将小于 $-\varepsilon$。对此，这三种情况我们也分别说成

$$b = a, b > a, \text{以及 } b < a。$$

然后我们就可以证明，当 n 无限增加时 $b - a_n$ 变成无穷小，这样就说明了称 b 为"序列(1)的极限"的合理性。

记数性的量 b 的集合为 B（B 已经是 A 的推广，其中还包括了无理数），我们可以把有理数的运算推广到系统 A 和 B 的并集上去。这样，以下的公式

$$b \pm b' = b'', bb' = b'', b/b' = b''$$

就分别表示

$$\text{Lim}(a_n \pm a'_n - a''_n) = 0, \text{Lim}(a_n a'_n - a''_n) = 0,$$

$$\text{Lim}\left(\frac{a_n}{a'_n} - a''_n\right) = 0。$$

如果这些元素有一个或两个属于 A，这些公式也都成立。

以上我们由系统 A 得出了系统 B，我们称 A 和 B 的并集为 C。令

$$b_1, b_2, \cdots, b_\nu, \cdots \qquad (3)$$

是由 A 与 B 的并集中的元素（但非全为 A 的元素）所成的序列，而且当 n 增加时不论 m 取何值 $|b_{n+m} - b_n|$ 都是无穷小（这个条件是由前述的定义

---

① 用本书 65 页脚注①中所说明的拉丁语表述，这种情况就叫作 *Tertium non datur*（只有这 3 种情况）。——中译者注

而来的），则说序列（3）有"确定的极限 c。"相等性、不等性以及 C 的元素间的运算（或者 C 的元素和 A 与 B 的并集中的元素之间的运算），均与上面的定义类似。现在，B 和 A 之间有这样一种关系：可以把每一个 a 都看成一个 b，但反过来**不行**，我们可以把每一个 b 都看成一个 c，而且反过来**也行**。"这样一来，虽然 B 和 C 可以在一定程度上看成是恒同的，但因在这里陈述的理论中，数性的量最初并没有任何的客观意义，①而只能看作是一些定理中的对象。但这些定理却有某些客观意义（例如，数性的量可以看作相应序列的极限），这样就保持了 B 和 C 抽象地说是有区别的。同样，b 和 c 的等价也并不意味着它们的恒同，而只表示它们所表示的序列之间的一个确定的关系。"

仿照上面的方法考虑数性的量的其他一些系统 $C, D, \cdots, L$。$C, D, \cdots$ 继 A 和 B 相继出现，和 B 之由 A 出现，以及 C 之由 A 和 B 的并集出现是一样的。这以后，康托研究了数性的量与直线上的度量几何学之间的关系。如果从一点到一条直线上的定点 O 的距离与度量的单位之比是有理的，就可以用系统 A 中的一个数量来表示它；否则，此点需要用某种作图法来确定，这个作图法可以想象是要作一个如（1）那样的序列，它与我们所要作的点有下述的关系：即当 ν 增加时，用 $a_1, a_2, \cdots, a_\nu, \cdots$ 来表示的直线上的距离，会**直至无穷**（拉丁文意为 $ad\ infinitum$）逼近所求作的点。我们可以用下面的话来表述这个事实：即从点 O 到所作的点的距离就是序列（1）所表示的数性的量 b。然后可以证明：表示这些点的等价、大于或小于已知距离的条件，都与表示这些数性的量的条件一致。

现在很容易知道，系统 $C, D, \cdots$ 也能用来决定已给的距离。但是，现在，我们对数性的量与直线上的度量几何学之间的关系虽然还没有说得完备而无缺陷，但我们已经知道对于直线上的一个定点必有一个数性的量作为其坐标，但是**现在还必须添加一个公理**如下：反过来，对于一个数性的量必有直线上的一个定点，使得其坐标就是这个数性的量。② 我们

---

① 这与康托对于实数的形式主义的观点有关（见下文Ⅶ）。

② 这个公理说：对应于每一个数性的量都有一个确定的点，而对每一个点，都有数性的量作为其坐标与此点相联系，这些数性的量虽然可能是非数的（numberless），但是这些数性的量总是与坐标**相等**的。

之所以把这个结果称为一个公理,是因为就其本性而言是不可能给出它一般的证明的。这个公理虽然可以用来赋予数性的量一定的客观意义,但是这个公理本身并不依赖于这里说的客观意义。

现在我们已经有了数性的量的一个有穷或无穷的系统,或者按前面所说,有了"点"的有穷或无穷的系统,这样就可以更为方便地来考虑数性的量在直线上的度量几何学的性质。

如果在一个有穷区间内给定了一个点的系统(P),而且理解**"极限点"**(*Grenzpunkt*)一词为直线上的这样的点(不一定属于P):在包含此点的任意区间内,必有无穷多个P之点,则我们可以证明**魏尔斯特拉斯-波尔查诺定理**:如果P是一个无穷集合,则它至少有一个极限点。康托称P中不是极限点的点为P的"孤立"点。

这样,直线上的点或者是P的极限点,或者不是。这样,我们在给定P的同时,还给定了它的**"一阶导集合(或称导系统)"**(*erste Ableitung*)P'。如果P'不是由有穷多个点构成的,我们就可以按同样的程序由P来导出第二阶集合P'';而用ν次类似的运算,就可以由P导出第ν阶集合$P^{(\nu)}$。举一个例子,如果P由0和1之间(0和1是否包括在内均可)的一切有理数构成,则P'将由区间$(0,\cdots,1)$的所有点构成,端点也在内;而$P',P'',P''',\cdots$与P'均相同,但与P可以相同(如果0和1包括在P内),也可以不相同(如果0和1不全包括在P内)。如果P是由横坐标分别为

$$1,\frac{1}{2},\frac{1}{3},\cdots,\frac{1}{\nu},\cdots$$

的点构成的,则P'由单独一点0构成:求这个集合的导集合并没有给这个集合添加新点。可能发生这样的情况——我们现在也只对这种情况有兴趣——即在求导集合ν次以后$P^{(\nu)}$只含有穷多个点,再求导集合就会得到空集合。① 这时我们就说原来的P是一个"第ν种(species,德文原文是

---

① 这里原文说再求导也得不出新的集合,我也作了一点修改。——中译者注

Art)"的集合①,这样,$P', P'', \cdots$ 分别属于第 $\nu-1$ 种、第 $\nu-2$ 种,等等。

关于三角级数的定理现在可以推广如下：如果在区间 $(0, 2\pi)$ 中下式对于所有的 x 成立(但是这里要除去相应于一个第 ν 种集合 P 中之点,而 ν 可以是任意大的整数)：

$$0 = \frac{1}{2}b_0 + a_1\sin x + b_1\cos x + \cdots + a_\nu\sin(\nu x) + b_\nu\cos(\nu x) + \cdots,$$

则我们有以下的结论：②

$$b_0 = 0, a_\nu = b_\nu = 0。$$

对于点集合的导集合的进一步研究的结果,包含在康托从 1879 年到 1884 年的一系列六篇论文中,其总的标题是《**论无穷线性点集合**》(*Über unendliche，lineare Punktmannichfaltigkeiten*)③。这些论文虽是发表在康托发现"**可数性**"(*Abzählbarkeit*)和"**势**"(*Mächtigkeit*)的概念(1873 年)以后,而且这些概念又构成了对集合进行分类的基础,在这六篇论文中,康托一

---

① 这里我们用**种**(德文、英文均为 species)和**属**(德文为 Gatutung,英文为 genus)来作分类。种是最基本的单元,不同的种合成同一个**属**。这种分类方法似乎来自亚里士多德逻辑,例如,可以参看外尔的名著《**数学与自然科学之哲学**》(*Philosophy of Mathematics and Natural Science*)。生物学的分类法似乎也是来源于此。例如,林奈的双名法对每一个生物物种的命名都要求指出其属与种。本书中,康托的德文原文都是用了属与种的说法,但是在茹尔丹的文字中,属是用的 kind 一词,而没有用 genus。中文译文则使用了属与种。当然,我们也可以不用"属"字而像茹尔丹那样,直接把 kind 译成"类"等。但是紧接着的例如 number class I 又该怎样译呢? ——中译者注

② 第二个式子原书为 $c_\nu = b_\nu = 0$,这似乎是错的。因为前面讲到的三角级数的系数都只是 a_ν 而非 c_ν,所以 结论也只应该是 $a_\nu = b_\nu = 0$,而不是 $c_\nu = b_\nu = 0$。——中译者注

③ 发表这六篇论文有一个背景。自从康托提出集合理论以后就遭到以克罗内克(德国数学家)为首的一批数学家的激烈反对。于是数学家克莱因(当时为刊物 *Mathematische Annalen* 的主编)就请康托写了一系列文章发表在 *Mathematische Annalen* 上,其标题统一为 *Über unendliche，lineare Punktmannichfaltigkeiten*,I-VI。目的是比较系统地介绍集合理论。其发表的卷期和页数如下：I, vol. 15, 1879, pp. 1-7;II, vol. 17, 1880, pp. 355-358;III, vol. 20, 1882, pp. 117-121;IV, vol. 21, 1883, pp. 51-58;V, vol. 21, 1883, pp. 545-586;VI, vol. 23, 1884, pp. 453-481。本节和直至Ⅶ几个小节的内容可以说就是为了介绍这一系列论文的主要内容。因此下文也将经常引用它们。在引用时均简称此文为《**论无穷线性点集合**》再附上第几篇的编号。请参看本书 35 页脚注和本书 55 页脚注。——中译者注

并讨论了这些概念和直接描述导集合的性质。然而按照康托本人的说明，①，确定的无穷阶导集的概念是他在 1871 年得到的，下面我们将引述这些论文中关于导集合的论述。

我们说一个点集 P 是"第一属（$Gatutung$）第 ν 种（species）的"，如果 $P^{(\nu)}$ 是由有穷多个点构成的；如果导集合的序列

$$P', P'', \cdots, P^{(\nu)}, \cdots$$

全都是无穷集，就说它是"第二属"的。$P'', P''', \cdots$ 中的点、全都是 P' 中的点，但 P' 中的点不一定是 P 中的点。

一个连续区间②$(\alpha, \cdots, \beta)$（端点也认为属于此区间）的某些点，或所有的点可能都是 P 中之点；如果 P 中所有的点都不属于此区间，就说 P 完全在$(\alpha, \cdots, \beta)$之外。如果 P（全部或部分）在$(\alpha, \cdots, \beta)$中，就可能出现一个值得注意的情况：$(\alpha, \cdots, \beta)$中不论多么小的任意区间$(\gamma, \cdots, \delta)$，里面都包含 P 中之点，这时就说 P 在区间$(\alpha, \cdots, \beta)$中"**处处稠密**"（everywhere dense）。下面就是处处稠密的例子：（1）$(\alpha, \cdots, \beta)$中的所有点的集合；（2）$(\alpha, \cdots, \beta)$中的所有坐标为有理数的点的集合；（3）$(\alpha, \cdots, \beta)$中的所有坐标都有 $\pm\dfrac{2n+1}{2^m}$ 之形的有理数的点的集合，其中 m 和 n 都是正整数。它们都是在$(\alpha, \cdots, \beta)$中处处稠密的集合。由此可知，如果一个点集合不在$(\alpha, \cdots, \beta)$中处处稠密，则必存在一个包含于 $(\alpha, \cdots, \beta)$ 中的区间$(\gamma, \cdots, \delta)$，其中没有 P 中之点。进一步说，如果 P 在$(\alpha, \cdots, \beta)$中处处稠密，则不仅 P' 也在$(\alpha, \cdots, \beta)$中处处稠密，而且 P' 还包含了$(\alpha, \cdots, \beta)$中的所有点。我们甚至还可以用 P' 的这个性质作为下面这句话的定义："P 在$(\alpha, \cdots, \beta)$中处处稠密。"

这样一种处处稠密的集合 P 一定是第二属的集合，而所以第一属的点

---

① 1880 年，康托在谈到导集合的指标的超穷序列时，曾经写道："概念的辩证生成能够将我们引向更深远处，而且绝非随心所欲而为，仍是必然、合乎逻辑的"，接着又说："我认识到这一点是在十年以前［这段话是在 1880 年 5 月说的］；但是在我讲述数的概念时，我没有引用它"。在 1905 年 8 月 31 日，康托在给我的信中说："至于超穷序数，我大概已经在 1871 年就已经理解了，而可数性概念则我最初是在 1873 年得到的"。

② 在 35 页脚注中所引用的康托的第一篇论文开始处，康托宣称："我们将会证明，关于如何确定连续统的定义，其最简单最完备的解释是以［导集合］概念为基础"。（见下文Ⅶ）

集合不能在任何一个区间内处处稠密。至于反过来,是否每一个第二属的点集合都在某一个区间中处处稠密,康托则搁置了这个问题而没有说。

我们已经看到了,第一属的点集合一定可以用导集合来刻画,但是对于第二属的点集合,这个概念就不够用了,而有必要对这个概念加以推广。这个推广原来看起来好像是当研究深入时会自然出现的。这里应当提到的是杜·波瓦-雷蒙,当他研究函数理论时就被引导到集合理论的部分的有些类似的发展,以及认识到它对于函数理论的重要性。[①] 1874 年,他按照"一般"函数展开为级数与积分时对于函数的变化的需要,把函数分成好几类。然后他就考察奇性的某种分布。一个不构成连续线段的无穷集合有两种可能性:第一种情况是在任意的无论多么短的线段内都有此集合中的点存在(好像相应于有理数的点那样);或者在直线的任何地方总有一个有限的线段,其中没有这个集合中的点。在后一种情况下,这些点在接近某些点时可以无限地稠密;"因为这些点为数无穷,它们的距离不可能都大于某个有限的正数。但是在任意短的线段里,它们的距离也不可能都是零;如果是那样的话,我们就又回到了第一种情况。所以它们的距离只可能在某一点处为零,或者说得更正确一点是在某个无穷小线段中为零。"现在我们要做进一步的区分:(1)点集 k_1 中的诸点都在有限多个点(组成集合 k_2)处稠密;(2)点集 k_2 中的诸点都在有限多个点(组成集合 k_3)处稠密……这样,例如 $0 = \sin \dfrac{1}{x}$ 的各个根均在 $x = 0$ 处稠密,$0 = \sin \dfrac{1}{\sin\left(\dfrac{1}{x}\right)}$ 的各个根均在前一个根处稠密……具有这种奇性的函数填补了"普通的"函数与处处均有奇性的函数之间的空隙。杜·波瓦-雷蒙最后讨论了这样一条直线上的积分。他在 1879 年的一篇论文中指出,狄里希莱关于一个函数的可积性的判据并不充分,因为我们可以把区间也以**处处稠密的方式**(pantachicsh)摆放起来;就是说,我们可以在区间 $(-\pi, \cdots, \pi)$ 内这样来摆放区间 D,使得在 $(-\pi, \cdots, \pi)$ 中不论多么小的连

---

① 下面一段是讲杜·波瓦-雷蒙的研究的基本思想。因为目前无法找到关于他的研究工作的进一步的材料,所以只好按原文逐字翻译。——中译者注

通部分中都有 D 中的区间在。现在令 $\phi(x)$ 在这些 D 中的区间内为 0，而在 $(-\pi,\cdots,\pi)$ 中不被这些 D 中的区间覆盖之处为 1，则 $\phi(x)$ 是不可积的，虽然在 $(-\pi,\cdots,\pi)$ 内的任一个区间内都包含了一个小线段，而 $\phi(x)$ 在其中连续（实际上为零）。杜·波瓦-雷蒙说："我是在寻找无穷阶凝聚点时被引导到这样的区间分布的，这种凝聚点的存在我多年前就向康托教授报告过。"

考虑直线上一个例如由点 $1,\dfrac{1}{2},\dfrac{1}{3},\cdots,\dfrac{1}{\nu},\cdots$ 所包含的区间序列；在区间 $\left(\dfrac{1}{\nu},\cdots,\dfrac{1}{(\nu+1)}\right)$ 中取一个第一属第 ν 种的区间。现在，因为 P 的每一个导集合都包含在导集合序列的前一个导集合之内，所以每一个 $P^{(\nu)}$ 都是由 $P^{(\nu-1)}$（最多是）抛弃一些点而得到的——所谓最多就是不会增加新点——于是，如果 P 是第二属的集合，则 P' 将由两个集合 Q 和 R 构成；Q 由在取导集合序列 $P',P'',\cdots,P^{(\nu)},\cdots$ 的过程中终于被舍弃的点构成，而 R 则由在此过程中一直被保留的点构成。在上述例子中，R 由单个点 O 构成。康托用记号 $P^{(\infty)}$ 来记 R，并称之为"P 的 ∞（无穷）阶导集合。"他用 $P^{(\infty+1)}$ 来表示 $P^{(\infty)}$ 的一阶导集合，然后依次有

$$P^{(\infty+2)},P^{(\infty+3)},\cdots,P^{(\infty+\nu)},\cdots。$$

进一步，$P^{(\infty)}$ 仍然有自己的无穷阶导集合，康托记之为 $P^{(2\infty)}$；继续按这样的思想构造下去，他得到一些导集合，逻辑上可以记为 $P^{(m\infty+n)}$，这里 m,n 都是正整数。他还走得更远，做出了所有**这些**导集合的公共点的集合，从而得到另一个导集合并记之为 $P^{(\infty^2)}$，并且无尽地做下去。这样康托就得到了许多导集合，其阶数分别可表示为

$$\nu_0\infty^{\mu}+\nu_1\infty^{\mu-1}+\cdots+\nu_{\mu},\cdots,\infty^{\infty},\cdots,\infty^{\infty^{\infty}},\cdots$$

的一系列导集。

康托在 1880 年[①]说："我们在这里看见了：概念的辩证生成[②]能够将

---

① 即为《论无穷线性点集合 II》。—— 中译者注

② 对于这一段话康托还加了一个注解："我在十年之前就已经认识到了这一点。[这一段话是在 1880 年 5 月写的]但是在讲述数的概念时，我没有提到这件事。"

· *Introduction to English Version* · **43**

我们引向更深远处,而且绝非随心所欲而为,仍然是必然的、合乎逻辑的。"[①]

我们看到第一属的点集合可以用 $P^{(\infty)}$ 中不含任何元素这个性质来描述,这个性质也可以用下面的记号来描述:

$$P^{(\infty)} \equiv 0,$$

上面的例子也表明了第二属的点集合在一个区间的任何部分都不一定是处处稠密的。

在他的 1882 年的论文(即《论无穷线性点集合 Ⅲ》)中,康托把"导集合"和"处处稠密"这些概念推广到位于 n 维连续统的集合上去。[②] 同时也对于在什么情况下可以说一个(无穷)集合是"**适当定义的**"(*well-defined*)做了一些反思。这些反思虽然对于强调用以定义 $P^{(\infty)}$, $P^{(2\infty)}$,… 的过程的合法性是很重要的,但是与"势"的概念却有更直接的联系,这一点下面将要加以讨论。对于证明下面的事实,即可以从一个 2 维,甚至更高维的连续统中去除一个处处稠密集合,而且可以用留下的点所成的一段一段的圆弧把任意两点连接起来,于是在不连续的空间中连续的运动仍然是可能的。这里同样的反思也是可用的。至此,康托还加了一个注解宣称,知道关于量(magnitude)的一个纯粹的算术理论现在不但是可能的,而且其最重要的特点已经被描画出来了。

我们现在需要把注意力转到"可数性"和"势"的概念的发展上,后来逐渐认识到它们与导集合的理论,以及超穷数理论都有密切的联系。超穷数理论正是以此为基础产生的。

1873 年,康托开始研究这样的问题:实数所成的线性连续统能不能与自然数集合一一对应起来,并且严格地证明了这是不可能的。这个不可能性证明,加上实代数数的集合与自然数集合之间可以建立一一对应的证明,就证明了在实数连续统的任一个区间中都存在超越数。这个证明发表于 1874 年。[③] 设有一个具有整系数的非蜕化代数方程

---

① 见本书 41 页脚注①。——中译者注
② 这一系列论文的总标题所说的**线性点集合**本来就指的任意维的线性(或仿射)空间,而不限于 1 维的情况。——中译者注
③ 这个结果发表在 *Crelle* 杂志上。详见 35 页脚注。——中译者注

$$a_0\omega^n+a_1\omega^{n-1}+\cdots+a_n=0, \tag{4}$$

其中除了系数 $a_0,a_1,\cdots,a_n$ 设为没有公因子的整数外,还设 n 和 a_0 为正整数,它的实根 ω 就称为一个实代数数。正整数

$$N=n-1+|a_0|+|a_1|+\cdots+|a_n|$$

可以称为 ω 的"高度"(height);对于每一个正整数都存在以此正整数为高度的有限多个实代数数。这样,我们就可以把实代数数的整体排列为一个单重的无穷序列

$$\omega_1,\omega_2,\cdots,\omega_\nu,\cdots,$$

其方法如下:先把一定高度的实代数数按其大小排列,再把高度也按其大小排列。

现在设区间 $(\alpha,\cdots,\beta)$(其中 $\alpha<\beta$)中的所有实数也可以排列成单重的序列

$$u_1,u_2,\cdots,u_\nu,\cdots。 \tag{5}$$

我们要证明这个假设会带来矛盾。[①] 把 α 向增加的方向移动,β 向减少方向移动,这样,可以在(5)中找到两个不相等的,也不同于 α,β 的元素 α',β',使得 $\alpha'<\beta'$,并且 $(\alpha',\cdots,\beta')$ 也不同于 $(\alpha,\cdots,\beta)$;类似地,又可以在 $(\alpha',\cdots,\beta')$ 中找到 $(\alpha'',\cdots,\beta'')$,其中 $\alpha''<\beta''$,而且 $(\alpha'',\cdots,\beta'')$ 也不同于 $(\alpha',\cdots,\beta')$。仿此类推。数 $\alpha',\alpha'',\cdots$ 是(5)中指标持续增加,大小也逐步变大的元素;类似地,$\beta',\beta'',\cdots$ 也是(5)中的元素,但是当指标持续增加时,其大小持续减少。区间 $(\alpha,\cdots,\beta)$,$(\alpha',\cdots,\beta')$,$(\alpha'',\cdots,\beta'')\cdots$ 中的每一个都包含了其后面的区间。于是我们只能设想两种情况:

第一种情况是:(a)区间的数目是有限的;我们现在来证明就会出现矛盾。令这些区间中的最后一个是 $(\alpha^{(\nu)},\cdots,\beta^{(\nu)})$,在其中,(5)的元素我们将一个也找不到。事实上如果在其中有(5)的多于一个的元素,则按其大小排列后将得到 $(\alpha^{(\nu+1)},\cdots,\beta^{(\nu+1)})$,而与"最后一个"的假设矛盾。如果只有一个元素,设为 u_p,则或者 $(\alpha^{(\nu)},\cdots,u_p)$,或者

---

① 对于下面的陈述,我作了一些文字上的改变(楷体字部分)。——中译者注

$(u_p,\cdots,\beta^{(\nu)})$ 将可以起到 $(\alpha^{(\nu+1)},\cdots,\beta^{(\nu+1)})$ 的作用,仍然与"最后一个"的假设矛盾。但是在 $(\alpha^{(\nu)},\cdots,\beta^{(\nu)})$ 中总可以找到一个实数,例如 $\dfrac{1}{2}(\alpha^{(\nu)}+\beta^{(\nu)})$。我们又假设了 $(\alpha,\cdots,\beta)$ 中的所有的实数全在(5)中,这就是矛盾。

第二种情况是:(b)区间的数目是无穷的。这时我们会得到两个实数序列 $\{\alpha^{(\nu)}\}$ 和 $\{\beta^{(\nu)}\}$。前者是上升而且有界的(都不超过 β),所以必有极限 $\alpha^{(\infty)}$。同理,后者也有极限 $\beta^{(\infty)}$,而且 $\alpha^{(\infty)} \leqslant \beta^{(\infty)}$。如果 $\alpha^{(\infty)} < \beta^{(\infty)}$,就会像情况(a)那样证明出现矛盾;如果 $\alpha^{(\infty)} = \beta^{(\infty)}$,则同样可以证明出现矛盾①。总之假设(5)成立就会出现矛盾。这就证明了所有的实数不可能构成(5)那样的序列。

所有实代数数的集合(ω)可以与自然数的集合(ν)之间建立起一个一一对应,从而给出了刘维尔(Joseph Liouville,1809—1882,法国数学家)定理一个新的证明。这个定理宣称:在任意实数区间内必有无穷多个超越数(即非代数数)存在。

两个集合间的 一一对应这个概念是康托在 1877② 年提出,而发表于 1878 年的论文的基本思想,文中给出了许多在不同集合之间的这种关系的重要定理,也在此基础上对集合的分类提出了建议。

如果在两个适当定义的集合之间可以建立起一一对应(就是可以建立起元素对元素的完全,而且唯一的对应关系),就说它们有相同的"**势**"③(*Mächtigkeit*),或者说是互相"**等价的**"(*aequivalent*)。当集合为有穷时,**势**的概念就相应于对此集合的元素进行**计数**(*Anzahl*),因为两个有穷集合当且仅当其元素的个数相同时才具有相同的势。

---

① 这个证明是原文就有的,不是我写的。记 $\eta = \alpha^{(\infty)}$。如果它是(5)中之元则 $\eta = u_p,p$ 为一确定的指标。但这是不可能的,因为 u_p 并不在 $(\alpha^{(p)},\cdots,\beta^{(p)})$ 中,而 η 由定义却在其中。——中译者注

② 发表在 *Crelle* 杂志上。见本书 35 页脚注。——中译者注

③ **势**这个词借自施坦纳(Jakob Steiner,1796—1863,瑞士数学家,他的主要贡献在几何学方面)。他是在一个很特殊的,但是相关的意义下使用这个词的,表示两个几何图形间有一个元素对元素的射影对应。

有穷集合的子集合（*Bestandteil*；就是其元素都是原集合的元素构成的不同于原集合的一个集合）的势一定小于原集合的势，但是对于无穷集合情况就不如此了①——例如，正整数序列很容易看到和它的由偶数组成的子集合有相同的势，——而因此，由一个无穷集合 M 是 N 的子集合（或与 N 的一个子集合等价），则只有在 M 与 N 的势不相等时才能得到 M 的势小于 N 的势。

容易看到正整数集合具有最小的无穷势，但是具有这个势的集合之类却非常丰富而广泛，其中包含，例如戴德金的有穷全集（finite corpora）、康托的"第 ν 种点的集合"、所有的 n 重序列，以及全体实（或复）代数数的集合。此外，我们也容易证明，如果 M 是具有第一个无穷势的集合，它的任意的无穷子集合也具有和 M 一样的势，而如果 M', M'', $\cdots$ 是有穷多个，或单重无穷多个具有第一个无穷势集合的序列，则这些集合的并集合也具有第一个无穷势。

根据前面讨论的论文，即康托在 1874 年发表的论文（见 35 页脚注），连续直线段这个集合并不具有第一个无穷势，而是有一个更大的势，康托又进一步证明由多重序列所成的连续统——即一个高维数的连续统——也和 1 维连续统具有同样的势。② 在这里我们可以看到一个由黎曼、亥姆霍兹（Hermann Ludwig Ferdinand von Helmholtz, 1821—1894，德国物理学家）和其他人所作的假设，即，一个向 n 个方向延展的连续流形的基本特征就是：它的元素是依赖于 n 个实的、连续的、独立变量的；所以流形的每一个元素都有一组确定的值 $x_1, x_2, \cdots, x_n$ 与此元素相应（称为它的坐标），而反过来，每一组确定的可容许的值 $x_1, x_2, \cdots, x_n$ 也都属于流形的某

---

① 波尔查诺第一个注意到无穷集合的这个奇怪的性质。他在 1864 年的一篇论文中有些含混地说道："……两个不相等的长度［却可以说］具有相同数目的点……"。德·摩根（Augustus De Morgan, 1806—1871，英国数学家和逻辑学家）在这篇文章里则论证过真正的无穷大的概念，而戴德金则在 1887 年与波尔查诺和康托都互相独立地以它作为"无穷大"的定义。

② 这个工作见他的 1882 年的论文《论无穷线性点集合 Ⅲ》。——中译者注

个确定的元素。这里暗地里假设了元素与这一族坐标值的对应是连续的。① 如果放弃这个假设②,我们仍然可以证明在 1 维线性连续统与在 n 个方向上伸展的连续统之间有元素的一一对应。

这一点显然可以从下面定理的证明得出:令 $x_1, x_2, \cdots, x_n$ 为实独立变量,每一个可取 $0 \leqslant x \leqslant 1$ 任意值;对这 n 个变量的集合可以使之对应于一个变量 $t(0 \leqslant t \leqslant 1)$,使得 t 的每一个确定值都对应于 $x_1, x_2, \cdots, x_n$ 的一组确定值系,反之亦然。为了证明这个定理,可以从一个已知定理出发,即在 0 和 1 之间的每一个无理数 e 都可以用同样的方式写为一个(无穷的)连分数 $(a_1, a_2, \cdots, a_\nu, \cdots)$,这里的 a_i 都是自然数。③ 所以在无理数 e 和 a 的不同序列之间有一个一一对应。现在考虑 n 个实变量,其每一个都互相独立地遍取区间 $(0, \cdots, 1)$ 中的一切无理数值(每一个值仅取一次)如下:

$$e_1 = (a_{1,1}, a_{1,2}, \cdots, a_{1,\nu}, \cdots),$$
$$e_2 = (a_{2,1}, a_{2,1}, \cdots, a_{2,\nu}, \cdots),$$
$$\cdots \cdots \cdots \cdots$$
$$e_n = (a_{n,1}, a_{n,2}, \cdots, a_{n,\nu}, \cdots)。$$

由这 n 个无理数又可以作出 $(0, \cdots, 1)$ 中的第 $(n+1)$ 个无理数

$$d = (\beta_1, \beta_2, \cdots, \beta_\nu, \cdots),$$

其与 $e_1, e_2, \cdots, e_n$ 的关系是

$$\beta_{(\nu-1)n+\mu} = \alpha_{\mu,\nu}, \quad (\mu = 1, 2, \cdots, n; \nu = 1, 2, \cdots, \infty)。 ④⑤ \tag{6}$$

反过来,如(6)这样的 d 也将定义 β 的序列,从而也将定义 α 的序列以及 e

---

① 就是说,流形的元素的位置的无穷小的变动必导致变量的无穷小变动,反之亦然。我们在前文中不止一次说过。流形一词来自德文的 Mannigfaltigkeit,并且是借用了多样性的意思,后来黎曼和亥姆霍兹等人适应物理学和几何学的需要开始了现代的**流形**理论的研究。鉴于已经反映了物理学和几何学的需要,我们暂时把 Mannigfaltigkeit 译为流形;但是后面我们看到这种物理学和几何学的需要被放弃了,所以我们又回到 Mannigfaltigkeit 原来的译法,例如仍译为**无穷线性点集合**等等。请参看本书 57 页脚注。——中译者注

② 即不再假设流形上的点与其坐标值有连续的对应。——中译者注

③ 我们不必去讨论无穷连分数理论,关键在于每一个无理数都可以用同样的方式对应于一个自然数序列,例如,无穷十进小数的各位数。所以我们现在只需承认这一点就行了。——中译者注

④ 如果把 α 的这 n 个序列排列为具有 n 个横行的二重序列,就意味着我们对 α 的这 n 个序列的所有元素按 $\alpha_{1,1}, \alpha_{2,1}, \cdots, \alpha_{n,1}; \alpha_{1,2}, \alpha_{2,2}, \cdots$ 这样的次序排列,并记其第 ν 项为 β_ν。

⑤ 这时(6)式是不成立的。——中译者注

的序列 $e_1,\cdots,e_n$。我们需要证明的仅仅是在无理数 $0<e<1$ 与实数(包括有理数和无理数)$0\leq x\leq1$ 之间有一个一一对应。注意,只是在 1 维情况下证明了存在一个一一对应。为了证明这一点,我们需要注意的是:这个区间中所有的有理数可以写成一个单重的无穷序列

$$\phi_1,\phi_2,\cdots,\phi_\nu,\cdots。①$$

然后,我们在 $(0,\cdots,1)$ 中取一个任意的无穷的无理数序列 $\eta_1,\eta_2,\cdots,\eta_\nu,\cdots$（例如取 $\eta_\nu=\dfrac{\sqrt2}{2^\nu}$）,这样当然还没有尽取 $(0,\cdots,1)$ 中的一切数,我们用 h 代表从 $(0,\cdots,1)$ 中除去那些 ϕ 和 η 这样的数以后余下的任意数(也就是说 $\{h\}=\dfrac{(0,\cdots,1)}{\{\phi_\nu\}\cup\{\eta_\nu\}}$,因为我们已经把所有的有理数 $\{\phi_\nu\}$ 都已除去,所以现在余下的 h 就只能是无理数了,故得

$$x\equiv\{h,\eta_\nu,\phi_\nu\},e\equiv\{h,\eta_\nu\};②$$

$\equiv$ 表示集合的运算。

当然,后一个式子也可以写成

$$e\equiv\{h,\eta_{2\nu-1},\eta_{2\nu}\},$$

如果现在对于集合 a,b 用记号 $a\sim b$ 表示它们的等价性(及其元素的一一对应),并且注意到 $a\sim a,a\sim b$ 同时 $b\sim c$,则 $a\sim c$。再有就是如果由两两无公共元素的一些集合组成的两个集合,如果在其中一个集合中把元素换成等价的元素,这样将会由一个集合得出另一个与它等价的集合。注意到

$$h\sim h,\eta_\nu\sim\eta_{2\nu-1},\phi_\nu\sim\phi_{2\nu},$$

---

① 做这件事的最简单的方法如下:令 $\dfrac{p}{q}$ 为此区间的一个既约有理数,记 $p+q=N$。对每一个分数 $\dfrac{p}{q}$ 都有 $N=p+q$ 的一个确定的正整数值,而对每一个正整数 N,只能找到有穷多个分数 $\dfrac{p}{q}$。我们现在这样来排列所有的分数 $\dfrac{p}{q}$:对应于小的 N 的分数排在前面,而对于相同的 N,这把较大的 $\dfrac{p}{q}$ 排在后面。这样我们就得到了所需的单重序列。

② 这个式子表示 x 的集合是 h 的、η_ν 的和 ϕ_ν 的集合的并集;e 的集合则是 h 的集合和 η_ν 的集合的并集。

就会有

$$x \sim e,$$

这样,我们就在 1 维情况下证明了在无理数 $0<e<1$ 与实数(包括有理数和无理数)$0 \leqslant x \leqslant 1$ 之间有一个一一对应。

现在我们要把这个结果推广到 $x_1, x_2, \cdots, x_\nu, \cdots$ 为单重的无穷序列的情况,于是我们要讨论的连续统可以是无穷维的,而其势仍然和 1 维的连续统的势相同。只要注意,和前面我们讨论的,只有 n 个无理数 $e_1, e_2, \cdots, e_n$,从而在(6)中,μ 只能从 1 变到 n 不同,现在需要让 μ 也从 1 变到 ∞。这样,我们就有了无穷多个 e_μ,它们构成一个二重序列 $\{\alpha_{\mu,\nu}\}$(μ 和 ν 都从 1 变到 ∞)。我们也想要在它和一个单重序列 $\{\beta_\lambda\}$ 之间建立一个一一对应。[1] 为此只要令

$$\lambda = \mu + \frac{(\mu+\nu-1)(\mu+\nu-2)}{2},$$

值得注意之点是:由于 λ 表示一切正整数,所以此式右方的函数也可以表示所有的正整数,而且每一个正整数只被表示一次;这里 μ 和 ν 独立地取一切正整数值。

康托对他的 1882 年的《论无穷线性点集合 Ⅲ》中这样总结:"现在我们已经证明了,有很丰富、很广泛的一类集合能够与一条连续直线上的点或者其一部分(即包含于直线的这一部分上的点的集合)作出一一对应,这个性质带来了以下的问题:线性集合能够分成多少类(这里我们把相同或不同的势的集合分到相同或不同的类中)?以及是哪样的类?用归纳法,我们被引导到这样的定理,即只有两类(详情我们就不再说了):一类包含了可以化为关于 ν 的函数(拉丁文 *functio ipsius* ν,意为 ν 的函数,ν 可以取所有的正整数值)的集合;另一类则包含了可以化为关于 x 的函数

---

① 这是很容易做到的:只要对二重序列 $\{\alpha_{\mu,\nu}\}$ 按对角线排列为

$\alpha_{1,1}, \alpha_{1,2}, \alpha_{2,1}, \alpha_{1,3}, \alpha_{2,2}, \alpha_{3,1}, \cdots$

[用直线段把这些点连接起来,就可以看见为什么说这是沿对角线的排列。——中译者注]。记此序列中指标为 (μ,ν) 的项为第 λ 项,就可以看到 $\lambda = 1+2+3+\cdots+(\mu+\nu-2)+\mu = \frac{(\mu+\nu-2)(\mu+\nu-1)}{2}+\mu$。

[拉丁文 *functio ipeius x*，意为 *x* 的函数，*x* 可以取区间$(0, \cdots, 1)$中的所有实数值]的集合。"

在我们已经说到过的 1879 年的论文《论无穷线性点集合 1》中，康托考虑了集合按照其导集合的性质和其势的分类。① 在几经反复以后，终于得到了连续统不具有第一个势的证明。虽然迄至 1882 年都没有得到关于势的本质上新的结果。现在，仍有必要回到此文中所谓"**适当定义**"（well-defined）的集合的意义究竟是什么的讨论。这属于 1882 年发表的论文《论无穷线性点集合 Ⅲ》的内容。

势的概念，其中也包含了自然数的概念，按照康托的说法，②可以被认为是每一个"**适当定义**"的**集合**的属性，而不是此集合的元素（这些元素是某个思想领域的对象）的属性，我们并不去讨论此对象是否属于这个集合，或者是属于这个集合的两个对象（即元素），而仅仅是给定它们的方式上可能有所不同。事实上，我们一般地不可能用我们能够得到的手段、肯定而且精确地确定这些点；这里讲的只是**内蕴地**（intrinsically）确定的问题，而一个**事实上的**（actual），或者说**外延上的**（extrinsic）确定需要通过辅助手段的完善才能够发展出来。"所以，对于任意选定的一个数是代数数或超越数，毫无疑问可以认为它是内蕴地确定的；而事实上，自然对数的底 *e* 直到 1874 年才确定是超越的，至于 π 是不是超越数的问题，在康托写这篇文章的 1882 年还没有得到解决。③

在《论无穷线性点集合 Ⅲ》这篇论文中，第一次使用了"**可数性**"（e-numerable）这个词来描述一个集合可以与自然数集合一一对应，后来也就说这个集合具有第一个势（无穷势）；在此也有了这样的重要定理：在一个 *n* 维空间(A)中可以定义无穷多个（任意小的）*n* 维连续统(a)，④它们彼此分离，最多是在边缘上相遇；这些 *a* 的集合是可数的。

---

① 那里只考虑了线性集合，因为不同维数的集合的势都已经含于其中。
② 康托的原话是："至于量的理论的基础，在集合的情况下，我们可以把它看作是最一般的真正的契机。"
③ 后来是林德曼（Lindemann）证明了 π 是超越数。在这个问题上，康托似乎是同意戴德金的看法的。
④ 每一个 *a* 的边缘上的点都认为是属于 *a* 的。

现在用一个反演变换(reciprocal radii transformation)把上述的 n 维空间 A 变为一个 $n+1$ 维空间 A' 中的一个 n 维延伸的区域 B,并使 B 中的点都与 A' 中的某一定点有常值的距离1。对于 n 维空间的每一个子集合 a 都有 B 的一个具有一定"容度"(content)①的 n 维子集合 b,而且这些 b 是可数的,因为容度大于一个任意小正数 γ 的 b 的数目只能有有穷个,因为它们的容度之和小于 B 的容度 $2^n\pi$。②在 1 维情况下,还有进一步的结果。③

康托最后还作了一个有趣的评论,即如果从一个 n 维连续统中除去任意的可数的处处稠密集合,则当 $n \geqslant 2$ 时,余下的集合 ($\mathfrak{A}$) 仍然是连续地连通的,就是说,$\mathfrak{A}$ 中任意两点 N 和 N' 必可用圆弧构成的曲线连接起来,而这些圆弧全在 $\mathfrak{A}$ 内。

VI

康托的可数性概念还有一个应用,就是用比较简单的奇点凝聚法来在一个给定的实区间上作一个函数,使之在一个可数而且处处稠密的集合上具有给定的奇性,例如不连续性。这是由魏尔斯特拉斯提出来,而由康托在 1882 年连同魏尔斯特拉斯的例子一起发表的。④ 这个方法可表述如下:令 $\phi(x)$ 为一个给定的函数,而且在 $x=0$ 处有单个奇点,再令

---

① "容度"一词来自测度理论,原来是法国数学家约当启用的。因为在茹尔丹的文章里引用了约当的工作,所以这里借用了测度理论的用语——容度;总之,这是一个接近于体积的概念。——中译者注

② 在康托此文的法文译本(1883 年)中,此数被修改为 $2\pi \dfrac{(n+1)/2}{\varGamma[(n+1)/2]}$。

③ 当 $n=1$ 时,这个定理就是:设有有穷或无穷直线上的区间之集合,如果这些区间最多只在区间端点处相遇,则区间的集合必为可数的。从而区间的端点也最多有可数多个。但端点集合的导集不一定是可数的。

④ 康托教授在 1905 年 3 月 29 日给我的信中说:"关于可数性的概念,他[指魏尔斯特拉斯]本来是在柏林 1873 年圣诞节假期中从我这里听到的,他最初非常惊讶,但是一两天以后,[不知怎么搞的]这个概念却变成是他自己得出的,而且帮助了他在自己的绝妙的函数理论中得到了意料之外的发展。"

(ω_ν) 为一个可数集合；作

$$f(x) = \sum_{\nu=1}^{\infty} c_\nu \phi(x-\omega_\nu),$$

c_ν 要这样选择，使得这个级数以及在所讨论的特殊情况下作了需要做的求导运算后得到的级数都是**非条件收敛**(unconditional convergence，即**绝对收敛**)和**一致收敛**的。这时，$f(x)$ 在 $x=\omega_\nu$ 处就有和 $\phi(x)$ 在 $x=0$ 处同类的奇性，而在其他点处，其性态一般都是正规的。$f(x)$ 在 $x=\omega_\mu$ 处的奇性完全来自上述级数中 $\nu=\mu$ 这一项，集合 (ω_ν) 可以是任意的可数集合，而不一定如在汉克尔的方法中那样一定是有理数集合，而在汉克尔的函数中那样造成表面的、复杂的震荡现象，也因为弃用汉克尔的正弦函数而得以避免。

康托的第四篇论文《**论无穷线性点集合 IV**》发表于 1883 年[1]，包含了关于可数集合的六个定理。第一个定理是：如果一个 n 维连续统中的一个集合 Q 中的点都不是极限点，[2]就说它是"孤立的"。这时，围绕着 Q 的每一点都可以作一个球，其中没有 Q 的其他点，因此由上面关于这些球的集合的可数性，可知 Q 也是可数集合。

第二个定理是：如果 P' 可数，则 P 也可数。证明如下：令

$$\mathfrak{D}(P,P') \equiv R, P-R \equiv Q; \text{[3][4]}$$

则 Q 是可数集合，因而是孤立的，所以也是可数集合。又因为 R 包含在 P' 中，所以 P 也是可数的。

下面三个定理则指出，如果 $P^{(\nu)}$ 和 $P^{(\alpha)}$ 是可数的，则 P 也是可数的。这里需要特别注意的是：$P^{(\alpha)}$ 的 α 是某个"**确定地定义了的无穷**

---

① 原文误为 1882 年。——中译者注

② 康托用 $\mathfrak{D}(Q,Q') \equiv 0$ 来表示这个事实，[在这个脚注下面几行处、就提到如果在一个集合 P 中除去 P'，则余下的集合可记为 $\mathfrak{D}(P,P') \equiv R, R$ 也适合 $D(P,P') \equiv 0$，这里 $\equiv$ 表示集合的运算。——中译者注]请参看 Dedekind, *Essays on Number*, pp. 48。

③ **如果集合 B 包含在 A 内，**而 E 是 A 中除去 B 以后余下的集合，则我们记
$$E \equiv A-B。$$

④ 这是康托所使用的差集的定义。在现在通用的数学教材中，差集的定义并不要求 B 含于 A 内。应用记号 $\mathfrak{D}(P,P')$ 时，也没有这样的要求。——中译者注

大"(*bestimmt definirte Unendlichkeits-symbole*)的符号。[1]

如果在 $P_1, P_2, \cdots$ 这些集合中,任意两个都没有公共元素,康托就对其并集合引用了以下的记号。[2]

$$P \equiv P_1 + P_2 + \cdots$$

现在我们有以下的恒等式

$$P' \equiv (P'-P'') + (P''-P''') + \cdots + (P^{(\nu-1)}-P^{(\nu)}) + P^{(\nu)},$$

再由于

$$P'-P'', P''-P''', \cdots, P^{(\nu-1)}-P^{(\nu)}$$

都是孤立的,从而是可数的,所以如果再有 $P^{(\nu)}$ 是可数集合,必有 P' 也是可数集合。

现在设 $P^{(\infty)}$ 存在。这时,如果 P' 有某个特定的点不在 $P^{(\infty)}$ 内,必有第一个有限阶导集合 $P^{(\nu)}$ 使此点不在其内,从而 $P^{(\nu-1)}$ 将把此点作为一个孤立点包含于其中。这样,我们就可以写出

$$P' \equiv (P'-P'') + (P''-P''') + \cdots + (P^{(\nu-1)}-P^{(\nu)})$$
$$+ \cdots + P^{(\infty)};$$

因为可数多个可数集合的并集仍为可数的,所以如果 $P^{(\infty)}$ 也是可数集合,则 P' 也是可数的。这一点显然可以推广到 $P^{(\alpha)}$(这里 α 是任意的**"确定地定义了的无穷大"**的符号)。如果 $P^{(\alpha)}$ 存在而且从 P' 到 $P^{(\alpha)}$ 都是可数集合(包括 $P^{(\alpha)}$ 在内),则 P' 也是可数的。

由这些思考所带来的问题,在我[3]看来,就是独立于**"势"**的概念来[4]

---

[1] **这句话对下面的讨论至关重要**,所以我们要加一点注释。它说是"确定地定义了的无穷大",就是说,必须有确定的定义,不得有任何的含混之处;又说是"符号之一"就是说有许多的无穷大,我们习惯的 ∞ 只是其中之一(而且还没有确切地定义过)。总之就是说我们将遇到**许多的无穷大**,所以我们将称它们为**超穷的**(infinite or transfinite)。至于我们习惯的 ∞,我们只是暂时承认它的存在。其实,在本节开始处,我们只是利用阶数无限增大的导集合 $P^{(\nu)}$($\nu \to \infty$)的"极限"来"定义"了 $P^{(\infty)}$,下面还要正式解释 $P^{(\alpha)}$ 的意义。总之,我们预见了本书的主题:**超穷数的理论**。——中译者注

[2] 请特别注意任意两个 $P^{(i)}$ 都没有公共元素的假定,以及使用了集合运算记号 $\equiv$ 和 +。这些都是康托所特有的。在差集合的情况下也是这样。这说明康托在用语和记号上都与现在通行的教材的讲法不同。——中译者注

[3] "我"是指导读的作者茹尔丹,而非康托。——中译者注

[4] 如果不管这里的 P 而独立地考虑这些指标,则它们将构成一个序列。这个序列从有穷数开始,但是会超过有穷数;因此就建议把这些指标看成无穷(或超穷)的**数**。

考虑"**确定地定义了的无穷大**"的最终的理由(而**势**的概念康托一直认为
是整个集合理论中最基本的概念)。具体说来,所得到的指标的序列是这
样的:到一定点(无穷或超过无穷)为止,具有这些指标的集合都是可数
的,而如果使用一个完全类似于证明连续统为不可数那样的过程,就可以
得到如下的结果:若 α 是一个指标,而在它前面的指标所做成的那些集
合都是可数集合,但是把包含 α 在内所有指标的集合并起来却是一个不
可数集合,它的**势**将如像正整数序列的集合那样,是下一个高于有穷的
势,即出现比**最先出现的无穷势**(即**可数无穷大的势**)更大的**下一个,因
而更大的无穷势**。因此,我们可以设想一个新的指标,它是所有已经定义
的指标后的第一个指标;正如前面已经定义的所有**最先出现的无穷势**以
后才出现的**势**一样。我们将会看到康托的这些思想完成于 1882 年
年底。[①]

余下的还要提一下第六个定理,康托在这里证明了如果 P' 是可数
的,则 P 有一个在积分理论中很重要的性质。哈纳克(Carl Gustav Axel
von Harnack,1851—1888,德国数学家)称为"离散的"(discrete),杜·波
瓦-雷蒙称之为"可积的"(integrable),现在则称之为"无包容的"(unex-
tended),或者更常见的是称之为"零容量的"(content-less).

VII

通过下面的定理:如果 $P^{(\alpha)}$ 为空集,则 P' 还有 P 都是可数的,我们可
以看到康托的"**确定地定义了的无穷大的符号**"的重要性。从前面的讨论
我们可以容易地看到,也可以把这个定理的陈述反过来表述如下:如果 P'
为可数的,则一定存在一个指标 α 使 $P^{(\alpha)}$ 为空集。以独立的方式定义这些

---

① 这就是《**论无穷线性点集合 IV**》。因为此文发表于 *Math. Anna.* 1883 年的第 21 卷第 1
期,所以其思想完成于 1882 年底。——中译者注

指标一般为实的超穷的整数,康托就能够得到 enumeral[1]（*Anzahl*）这个概念,这些 enumeral 构成了无穷"**势**"的上升的序列。"enumeral"和"**势**"这两个概念在有穷集合情况下是相同的,而在无穷集合情况下就分离了;但是,把数(numbers,Zahlen)的概念扩张为 enumeral 这个概念,并以上述的方式发展了已经常用的势的概念,就把势的概念精确化了。

从这样的新观点看来,我们对于**有穷数**的理论有了新的洞察;正如康托所说的那样:"数的概念,在有穷情况下其背景就只有 enumeral 含义了,但当提升到无穷情况时,就出现了概念的分化。这时,可以说这个概念就**分化**为**势**和 *enumeral* 两个概念了;而当再次下降到有穷情况时,我看见这两个概念又合起来构成了有穷的数。这一点非常清楚而又奇妙。"

这种分化对于整个算术(有穷与无穷)的影响表现在康托本人的工作[2]中,因此也特别表现在罗素后来的工作中。

如果没有从数的概念到**确定的无穷数**的概念的推广,康托自己说:"我几乎不可能在集合理论中不受限制地走出哪怕是最小的一步。"他又说:"我在多年前就已经被引导到[这些数],但是还不能清楚地意识到我已经掌握到有实际意义的具体的数",然而,"我是在逻辑上被强迫地、几乎是违反我的意愿地接受了这样一种思想,即不能只把无穷大看成是与收敛的无穷序列密切相关的一个无限地增长的量;也不能仅只看到它的一种形式上的表现,即收敛的无穷级数,现在我在数学上把无穷大确定为一个'完成了的无穷大',而且具有确定形式的数。这条路对于我是这样艰难……是因为这种思想是违反我在多年的科学研究中形成的价值观的。那时,我不相信有任何理由可以促使我反对这种价值观,这个问题使得我完全无法挣扎。"

---

① 导读的作者茹尔丹发明了 enumeral 这个词来翻译康托发明的 *Anzahl*,这样就避免了与"**数**"number (Zahl)这个词混淆。英文中确有 enumerate 一词,意为枚举、点数,其中有动作的意味。但是 enumeral 这个新词中文如何翻译? 这个词的含义是"点数"(韩信点兵的"点"),也有一点动作的意味在内,许可"点"到无穷还不休止。这当然是很难表达清楚的事情。因此我不加翻译,而直接使用 enumeral 的英文字。与此相关还有相应的动词 enumerate 和形容词 enumerable 也不加翻译了。请读者批评。文中还谈到对罗素的影响,我们以后还会详谈。——中译者注

② 请参看下面康托的 1895 年和 1897 年论文的翻译中,例如可参看其中[498]页和[220]页。[这里页码的记法请看后文康托的两篇论文开始处。——中译者注

导集合的阶数的指标序列可以看成是有穷数的序列 1,2,……后面再接着是**超穷数**的序列,康托把第一个超穷数记作"∞"。所以,在有穷数的序列 1,2,……里没有最大的有穷数,或者换一个说法就是:假设有最大的有穷数会产生矛盾;但是假设存在一个非有穷的数,而且还是所有有穷数后面的**第一个数**(其实是第一个 enumeral),这样做并不会产生矛盾。这就是康托独立于导集合的阶数来定义他的**数**时所采用的方法;我们将会看到康托是怎样回应对他的假设系统的任何可能的反对意见的。

我们现在再来简要地考察一下 *Mannichfaltigkeitslehre*① 这个词,通常翻译为"集合理论"。康托在《基础》一书的一个注中说过,这个词"是一门内涵非常丰富的学说。迄今为止,我只试图发展它的一个特殊形式的理论,即算术或几何的集合论(*Mengenlehre*)。集合一词我一般地理解为任意一个具有多样性但可以看成一个整体的对象(*Jedes Viele,welches sich als Eines denken lasst*),也就是说一些由一个规律约束在一起,成为一个整体的、确定的元素的全体"。我们将会看到,康托将反复强调这个**整体性**(*unity*)的特性。

上面关于超穷数的概念是如何缓慢但是确定地进入康托的思想,以及康托的哲学和数学的传统思想等均引自《基础》一书的。在《基础》以及在康托后来的著作里,我们经常会遇到各个时代的数学家和哲学家关于**无穷**所持的观点。除了亚里士多德、笛卡儿、斯宾诺莎(Spinoza)、霍布斯(Hobbes)、贝克莱(Berkeley)、洛克(Locke)、莱布尼兹、波尔查诺和许多其他大人物的名字以外,我们可以找到康托关于无穷的新观点的深刻研究和刻苦搜寻,以便进行分析的证据。康托的著作中有很多与经院派学者(Schoolmen)和教堂的神父们的对话。

《基础》一开始就对"**无穷**"(infinity)一词在数学中可能具有的两种含义作了区分。康托指出,数学的无穷以两个不同形式出现:首先是作为**非本意**的无穷(improper infinity,德文为 *Uneigentlich-Unendliches*),就是一个或者增长到超过一切界限,或者下降到任意小的量;但其本身仍然是

---

① "*MannIchfaltigkeitslehre*"这个字又拼作"*Mannigfaltigkeitslehre*",比较常见的用词是"*Mengenlehre*",法文中作"*théorie des ensembles*",英文的"*theory of manifolds*"不太常用。

有穷的,所以可以称之为**变动的有穷**。其次是作为确定的、**本意的无穷**(proper infinity,德文为 *Eigentlich-Unendliches*),而可以用某些几何概念来表示,在函数理论中则用复平面上的无穷远点来表示。在后一种情况下,我们就有了一单个确定的点,而研究一个(解析)函数在此点的性态,可以把此点看成和任意其他点完全一样的点来考虑。[①] 为了强调这一点,康托就把过去和现在一直用于表示非本意无穷大符号"∞"换成了新的符号"ω"。

康托为了考虑他的新数,使用了如下的思考。正整数序列

(I) $1, 2, 3, \cdots, \nu, \cdots$

来自对已经预先规定为相同的"单位"[②]重复地进行**假定**(positing)和**合并**(uniting)这两种运算,正整数 ν 既表示对这个确定的有穷 enumeral 反复地进行**假定**,又表示**合并**这些假定了的单位,使之为一个整体。这样,有穷的实整数的形成是基于一个原理,即把一个单位加到已经形成了的数上面;康托把这个契机称为**第一生成原理**(*Erzeugungs-prinzip*)。以下把(I)称为"**数类 I**"(number class I)。这样形成的数类 I 的 enumeral 是无穷的,而且其中没有最大者。所以,谈论**数类 I** 中的最大数是会引起矛盾的,但是设想一个新数 ω 来表示整个类(I)是由(I)中的数相继按自然顺序生成的、(正如 ν 表示一个有穷 enumeral 个单位合成一个整体完全一样),这点没有什么可以反对的。[③] 如果在 ω 后面再假设"加上"一些单位,我们就能再利用第一生成原理得到进一步的数:

---

① 康托的原话是:"函数在无穷远点的邻域中的性态,其表现和在任意有限远(*in finito*)处的其他点邻域中完全相同,所以在这种情况下完全有理由把无穷远看成是一个点。"

② 这个单位有时就写成1,这样反而更能说明其意义。——中译者注

③ 康托在《基础》中说:"甚至允许把这个新创造出来的数 ω 设想为数 ν 所趋近的"Limit"。但是这里的"Limit"一词并非通常意义下的**极限**,而只不过是说:ω 是紧跟着所有的数 ν 之后的第一个整数,就是说它大于每一个数 ν。"请比较下一节。[所以,我们总是避免把 Limit 译为极限。——中译者注]

既然我们不知道在导集合理论中有什么理由促使我们引进 ω,而只在正文中得知引进 ω 的基础何在,那么,引进 ω 似乎是颇有点随心所欲,既非十分显然可见,也非十分有用:就是说创造 ω 只不过是由于从表面上看,这样做不会引起矛盾,所以,康托在下文中讨论这里的引进或创造,只是因为他在其中看见了纯粹数学区别于其他科学的特性,所以只是在历史的基础上论证了这个引进或创造,而在逻辑的基础上加以论证,似乎就没有必要了。

$$\omega+1,\omega+2,\cdots,\omega+\nu,\cdots$$

又因为现在又遇到没有最大数的情况,我们又设想得到一个新数,记作 2ω,它将是跟随所有的数 ν 和迄今作出的 $\omega+\nu$ 之后的第一个数。再对数 2ω 应用第一生成原理,我们又会得到一些新数:

$$2\omega+1,2\omega+2,\cdots,2\omega+\nu,\cdots$$

给出数 ω 和数 2ω 的逻辑运算显然不同于第一生成原理。康托称之为实整的**第二生成原理**,而且比较清楚地把它表述如下:如果已经定义了一串确定的没有最大数的实整数,则可以用这个第二生成原理创造一个新数,为所有这一串数的下一个最大的数。

继续把这两个生成原理组合起来应用,我们可以相继地得出以下的数:

$$3\omega,3\omega+1,\cdots,3\omega+\nu,\cdots,\cdots,\mu\omega,\cdots,\mu\omega+\nu,\cdots$$

在所有的形如 $\mu\omega+\nu$ 的数中没有最大者,所以我们可以创造一个新数成为它们的下一个,此数可以记为 ω^2。在它后面依次又有数

$$\lambda\omega^2+\mu\omega+\nu,$$

并依此类推,得到以下形式的数

$$\nu_0\omega^\mu+\nu_1\omega^{\mu-1}+\cdots+\nu_{\mu-1}\omega+\nu_\mu;$$

现在,第二生成原理又要求有一个新数,而为方便起见可以记为

$$\omega^\omega。$$

然后可以无限地继续做下去。

现在不难看到,在任意一个已经作出的无穷数的集合中都具有**第一数类Ⅰ**的势。这样,在 ω^ω 前的所有的数都可用下式来表示,

$$\nu_0\omega^\mu+\nu_1\omega^{\mu-1}+\cdots+\nu_{\mu-1}\omega+\nu_\mu;$$

这里的 $\mu,\nu_0,\nu_1,\cdots,\nu_\mu$ 需取所有的有穷正整数值(包括零),但是 $\nu_0=\nu_1=\cdots=\nu_\mu=0$ 这样的组合要排除在外。众所周知,这样的集合可以化成单重无穷序列之形,所以具有**数类Ⅰ**的势。又因为具有第一个无穷势的集合的序列(序列自身也具有第一个无穷势)也给出一个具有第一个无穷势的集合,所以很清楚,用上面的方法只能作出适合这样条件的数使得只能得出具有第一个无穷势的集合。康托用这两个原理做出的数 α 的全体为"**第二数类Ⅱ**"

(II) $\omega, \omega+1, \cdots, \nu_0\omega^\mu+\nu_1\omega^{\mu-1}+\cdots+\nu_{\mu-1}\omega+\nu_\mu,$

$\cdots, \omega^\omega, \cdots, \alpha, \cdots,$

这里所有从 1 起直到 α 的数都是**第一数类** I 的元,但是(II)的势却与(I)的势(也就是从 1 起直到 α 的数的"总数",也就是可数无穷)不同,实际上,它是**第二高**的势,在它与(I)的势之间,再也没有别的势了。因此,第二原理要求我们创造一个新数(Ω),它位于(II)的所有的数之后,而是第三数类(III)的第一个数,并且可以仿此以往。[①]

这样,虽然乍看起来,用类似于克服数类(I)中的**界限**(Limitation)的做法那样相继地做出(II)中的数,可以得到某种完全性。在这个过程中我们只利用到**第一个**原理,所以不可能越出(I)的范围;但是我们还有**第二个**原理,康托希望联合使用这两个原理能引导出整个(II),还会表现出**第二个**原理其实是一个手段,把它与**第一个**原理合起来使用就能在构成实数时突破**每一个**限制。这样,康托提出一个要求,即往下形成的新数应该是这样的:以前做出的数的集合即是(II)应该有一个用新数来表示的新势。康托把这一点称为**第三个**原理,或**去限制原理**(Limitation principle,德文是 Hemungs-oder Beschrankungsprincip)[②],它的作用是利用这个方法得出一个比(I)更高的势,其实是在之后的第二高的势。事实上,前两个原理一起就定义了一个绝对无穷的整数序列,再加上第三个原理,就在这个绝对无穷的整数序列中依次安置了一些界限(Limit,我们避免使用极限这个译法)把它分成许多段(Abschnitte),称为这个绝对无穷的整数序列的各个数类。

康托早期(1873,1878)关于集合的"**势**"的概念,在此得到了发展和

---

① 特别要注意的是第二原理将带领我们超越任意数类,而不仅可以让我们构造一些仅仅是作为某个 enumeral 序列的新的极限数(所以这里还需要一个"第三原理"才能构成 Ω)。"第一和第二原理"可以让我们构成,我们所已经考虑过的数;"**第三原理也叫作去界限原理**(principle of Limitation 或**去限制原理**)却使我们可以定义不同的新数类,其势将不断上升。

② 康托说:"这个原理使我们能够越过各个数类的界限(Limit,如上所述,我们回避用极限这个词)。"

精确化。①。对于有限集合,**势**就是其元素的 enumeral,这个集合的所有元素不论按什么次序排列,其元素都有相同 enumeral。另外,对于无穷集合,只要它是"适当定义的"、超穷数提供了一个定义集合的 enumeral 的方法,而如果这个集合是**良序的**(well-ordered),则一般说来,作为**势**的这个 enumeral,会随集合中的元素的排列次序而变化。**第一数类 I** 的势显然是最小的超穷势,以下的逐渐变大的超穷势现在也第一次有了自然而且简单的定义;事实上,第 γ 个数类的势就是第 γ 个超穷势。

康托所谓的良序集,其原意②是指任意的具有适当定义,而且具有以下性质的集合。其元素有一个具有以下特性的、确定的次序关系:此集合有一个**第一元素**;每一个元素(只要不是最后一个元素)后面都有一个确定元素跟着;对于任意的有穷或无穷集合,都可以找到属于此集合的一个元素,按照所给的次序关系,该元素是此集合的所有元素的**下一个元素**(除非在这个次序中根本就没有跟着的元素)。现在,假设有两个良序集合,它们之间有这样一个一一对应存在,使得当 E 和 F 是其中一个良序集的两个不同元素,而 E' 和 F' 是它们在另一个良序集中的对应元素(从而也是不同元素),且如果 E 在 F 之前(或后),则 E' 也在 F' 之前(或后),只要有这种对应,这种次序上的对应,显然也是很确定的。在扩展的数序列中有一个且仅有一个数 α(称为这个集合的 enumeral),使得在它前面的数(从 1 算起按自然顺序来排列)也有同样的 enumeral,我们说这两个良序集都以 α 为共同的 enumeral。所以在 α 为无穷时,我们说这个 enu-

---

① 所谓康托早期的工作,就是指他在 1873 和 1878 两年发表在 *Crelle* 杂志上的两篇文章。那时,他对于集合还只是看成若干"东西"的一个总体,其中没有任何与"方向"有关的因素,而只考虑其中元素的个数,这样定义了"**势**"(power)。但随着研究的深入,康托认识到应该用 enumeral 来代替数。我们曾经建议把 enumeral 译为"点数"(韩信点兵的"点"),既然要点就自然有与"方向"有关的因素。但是"点兵"的"点"究竟太过简单,所以康托就用了 *Anzhal* 这个词,而导读作者建议使用 enumeral 一词。所以这就在考虑集合时加进了次序的考虑,势也不再仅仅是一个数,而成了一个 enumeral。前面在 42 页脚①注中讨论过这些问题。——中译者注

② 容易看到,康托的良序集合概念的来源是指这种集合可以按照康托在更广泛意义下进行 enumerate(这一点下面还会细说)。事实上,良序集的上述定义指的只不过是:在构造我们需要的这一类集合时,只用到第一和第二两个原理,但是构造出来的是集合的元素而不是数。良序集的一个重要的——其实是**足以确定其定义的**——性质是:如果其中的任意一个元素 $a_1,\cdots,$ $a_\nu,\cdots$ 序列中有一个 $a_{\nu+1}$ 位于 a_ν 之前,则此集合必为有穷的。甚至倘若所讨论的良序集合是超穷的,则如上讨论的序列也绝不可能是**超穷的**。

meral 仍为 α，而在 α 为有穷时则以 α−1 为其共同的 enumeral。

现在可以看到，有穷和无穷集合的基本区别在于：一个有穷集合不论其元素如何排列，总有同样的 enumeral，而无穷集合一般来说在这种情况下，可能有不同的 enumeral。然而，在 enumeral 和**势**（power）之间有一定的联系——**势**是与元素的次序无关的一种属性：任何一个具**势**（即可数集的**势**）的良序集的 enumeral 必是第二数类的一个确定的数，而且每一个具有第一个**势**的良序集都可以排成这样的次序，使其 enumeral 是第二个数类的任意指定数。康托以"enumerable"一词的扩展的含义说明这个事实：每一个具有第一个**势**的集合都可以用第二数类的数，且只能以第二数类的数为其 enumeral。康托也用此集合一定可以被 enumearated 这个词来作为"enumerable"一词的扩展的含义，即可用任意指定的第二数类的数来作为其 enumeral；对于更高的数类也有类似结论成立。

由关于**序数**（ordinal numbers）序列的"**绝对**（Absolute）"①的无穷性的说明可以预期康托会得到这样的思想，即任意集合都可以排成良序的序列，而且他也说过以后还会来讨论这个问题。②

———————

① 康托说对于"数类可以逐步形成，在这个过程中，不会遇到不可逾越的界限，——正如同对于**绝对**"哪怕只是近似的理解（Erfassen）也是做不到的——对此我深信不疑。对于**绝对**，我们只能**承认**（anerkannt）它，而永远不能**理解**（erkannt）它，哪怕只是近似地理解也不行。正如在第一数类中，不论取多么大的有穷数，总还有更大的有穷数等在后面，其集合具有同样的势。同样，对于任意更高数类的超穷数，后面也总还有更高的超穷数和数类等在后面，其集合的"**势**"至少是不小于从 1 开始的整个绝对无穷的数的集合之势。这个情况很像冯·哈勒（Albrecht von Haller）[18 世纪的瑞士医学家和博物学家。称赞他的人说他是"现代生理学之父"等；反对他的人有时则说他主张某种替代医学（alternative medicine），而替代医学现时常被认为是"伪科学"的同义语。如他所描述的那样："我把一个（大而又大的）部分抽调，（永恒）仍完整如昔地呈现在我面前"["ich zieh"sie ab（die ungeheure Zahl）und Du（die Ewigkeit）liegt ganze vor mir.]。所以，康托接着说："在我看来，数的绝对无穷序列，在某种意义下是**绝对**的一个适当的符号；而迄今我们认为起了这种符号作用的第一数类，我相信其无穷性只不过是**绝对**的一个理念，而不是其象征，而与**绝对**比较起来，第一数类的无穷性只能理解为一个消逝着的无法把握的理念。在我看来，值得注意的还有：每一个数类——从而还有每一个**势**——都对应于数的绝对无穷的总体中的一个确定的数，反过来，对应于任意超穷数 γ 也都有一个**势**（以后称它为**第 γ 个势**）；所以各种不同的势也形成一个绝对无穷的序列。尤其值得注意的一点在于，γ 给出了势的一个**等级**（rank）代表那个以 γ 为势的数类（只要 γ 有一个直接位于其前面的元），而这个类就其大小而言简直可以说是消逝得如同失踪了一样。γ 越大就越是这样。"

② 与此相关，康托还作了一个许诺，即连续统的**势**就是第二数类的**势**。在 1878 年，他当然是用另一种语言来陈述这一点的。见本书末的注解。[这一点现在统称为连续统假设。——中译者注]

康托接着就像下面那样定义了超穷数（其中也包括了有穷数）的加法和乘法。令 M 和 M_1 是分别以 α 和 β 为其 enumeral 的两个良序集。先设定集合 M，再继之以 M_1，这两个良序集合并起来就记作 $M+M_1$，而且定义其 enumeral 为 $\alpha+\beta$。显然，如果 α 和 β 并不均为有穷，则一般说来 $\alpha+\beta$ 不会等于 $\beta+\alpha$。很容易把和的概念推广到有穷或无穷多个以一定次序排列的加项的情况，而结合律仍然成立。特别是有

$$\alpha+(\beta+\gamma) = (\alpha+\beta)+\gamma。$$

如果我们取一连串彼此相等（这一个串的"大小"可用 enumeral β 来表示）而且有相似的次序的集合，其每一个的 enumeral 都是 α，我们就可以得到一个新的良序集，即其积 $\beta\alpha$，而其 enumeral 也就是 $\beta\alpha$。β 为其"乘数"（multiplier，这里我们借用了初等代数的说法，其实所谓"乘数"是一个良序集），而 α 称为其"被乘数"（multiplicand，也是借用了初等代数的说法[1]）。这里 $\beta\alpha$ 一般说来不同于 $\alpha\beta$；但是我们一般的有

$$\alpha(\beta\gamma) = (\alpha\beta)\gamma。$$

康托还许诺要研究某些超穷数的"素数性质"[2]，还要证明无穷小数是不存在的。[3]

康托还想证明他以前证明过的如下的定理之逆，这个定理就是：如果 n 维域的点集 P 之导集 $P^{(\alpha)}$ 为零，其中 α 是(I)或(II)中的任意整数，则 P'，从而还有 P 本身都具有第一个势。其逆定理是：如果 P 是这样一个点集，它具有第一个势，则在(I)或(II)中必存在一个 α、使得 $P^{(\alpha)}=0$，而且这样的 α 有最小者。这个逆定理说明了超穷数对于点集理论的重要性。

康托关于(II)的势与(I)的势彼此不同的证明，与他关于连续统为不可数的证明是类似的。证法如下：用反证法，假设(II)是可数的，从而其元素可以排成一个简单的序列：

$$\alpha_1,\alpha_2,\cdots,\alpha_\nu,\cdots, \tag{7}$$

---

① $\beta\alpha$ 其实就是 β 个 α 之"和"。——中译者注

② 所谓素数性质就是：称 α 是一个素数，就是说分解式 $\alpha=\beta\gamma$ 仅当 $\gamma=1$ 且 $\beta=\alpha$ 时成立［原书误为 $\beta=1$ 或 $\beta=\alpha$ 时成立。——中译者注］。

③ 见下节。

我们将可得到一个既属于(II)但又不在(7)中的元素的数,从而(II)不能具有(I)的势。这是一个矛盾。令 α_{κ_1} 为(I)中第一个大于 α_1 的元、α_{κ_2} 为(I)中第一个大于 α_{κ_1} 的元,并仿此以往,则我们将会得到一连串的不等式:

$$1 < \kappa_1 < \kappa_2 < \cdots,$$

使得

$$\alpha_1 < \alpha_{\kappa_1} < \alpha_{\kappa_2} < \cdots,$$

还有

当 $\nu < \kappa_\lambda$ 时,必有 $\alpha_\nu < \alpha_{\kappa_\lambda}$。

可能发生这样的情况,即(7)中某一个数 α_{κ_ρ} 之后跟随着它的所有的数都比它小;这时它(即 α_{κ_ρ})显然是(7)中最大的数。另一方面,如果(7)中没有这种最大的数,我们可以作以下的从1开始但小于 α_1 的整数序列,在这个整数序列的前面添加 $\geq \alpha_1$ 且 $> \alpha_{\kappa_1}$ 的整数序列;再作 $\geq \alpha_{\kappa_1}$ 但又 $< \alpha_{\kappa_2}$ 的整数序列,并放在 α_{κ_2} 的前面。这样下去就会得到(I)和(II)的相继的确定的序列。这个序列显然具有第一个无穷势,而由(II)的定义,(II)中一定有最小的数 β 存在,它大于所有这些数。所以 $\beta > \alpha_{\kappa_\lambda}$,而且也有 $\beta > \alpha_\nu$,所以每一个适合关系式 $\beta' < \beta$ 的数 β' 从大小上说都会被某一个数 α_{κ_λ} 所超过。

如果有一个最大的 $\alpha_{\kappa_\rho} = \gamma$,则 $\gamma + 1$ 就是(II)中不属于(7)的数;如果没有这样的最大的 γ,则数 β 就是(II)中不属于(7)的数。总之,(II)中一定有不属于(7)的数,从而(II)的势不可能是可数势。

此外,(II)的势是紧接着(I)的势的**第二大**的势,所以,对于任意的(I)和(II)的集合,其势必定是(I)的势或者(II)的势。事实上,如果 Z_1 是某一个属于(I)和(II)的集合,当把其元素按大小排列后必定是一个良序集,即为

$$(\alpha_\beta), (\beta = \omega, \omega+1, \cdots, \alpha, \cdots)$$

我们一定有 $\beta < \Omega$,这里 Ω 是(III)中的第一个数;(α_β) 或者是有穷的,或者是有(I)的势,或者是有(II)的势,再没有第四种情况(拉丁文 *quartum* *non datur*①）。從這個結果就有以下定理：如果 M② 是任意的具有（II）的勢的適當定義的集合，M' 是 M 的子集合，而 M'' 則是 M' 的子集合，M'' 又與 M 有相同的勢，則 M' 也與 M 有相同的勢，從而也與 M'' 有相同的勢。康托還指出這個定理一般也是成立的，並且說他將來還會回來討論這個定理。③

虽然交换律对于超穷数一般并不成立，結合律却是成立的，分配律则一般只以下面的形式成立：

$$(\alpha+\beta)\gamma = \alpha\gamma + \beta\gamma,$$

这里的 $\alpha+\beta$，α 和 β 都是乘子（multiplier）④，康托说"我们可以通过内在的直觉认识到这一点"。

接着，康托又在本书将要讨论的基本著作的第二篇论文即 *Mathematische Annalen* vol. xlix, 1897, pp. 207-246 中以相同的方法讨论了超穷数的减法、除法、素数，以及可以表示为超穷数 ω 的有理函数和整函数的那些超穷数的加法和乘法。在该文中，这些主题讨论的远比在《基础》中更完全，对于其逻辑形式也更加注意得多。

《基础》中，讨论了数学中引入一个新概念，例如 ω 后，确认其合理性的条件。这个讨论的结果已反映在康托定义新数的过程中。他说："我们是在下述的基础上才把自然数看成是"**真实的**"（actual）：我们对它的理解以定义为基础才取得完全的确定的地位，才与我们的思想的其他构成成分清楚地区分开来，才与它们有确定的关系，这样才以一种确定的方

---

① 拉丁文中还有一个类似的短语：*Tertium non datur*。拉丁文像英文一样，有很多短语。而这两个短语都来自所谓多值逻辑，我们熟悉的则只是二值逻辑，即一个命题或为"是"，或为"否"。在三值或四值逻辑中一个命题可以有三种或四种情况。（*Tertium* 就是拉丁文的"三"，*quartum* 则是拉丁文的"四"）。现在我们的命题可以有三种情况：有穷、具有（Ⅰ）的势和具有（Ⅱ）的势，再没有第四种情况，所以是 *quartum non datur*。我们直接译为"再没有第四种情况"的原因在此。同样，*Tertium non datur*. 就是没有第三种情况，所以时常就说它就是**排中律**。——中译者注

② 原书似乎误为 *N*。——中译者注

③ 由于这个定理出现在 *Mathematische Annalen*, Vol. xlvi, 1895（就是本书将要讨论的康托的基本著作的第一篇论文）的第 484 页，而我们现在又知道（见下文的**注释**）此文曾经预告了任意集合均可良序化的定理，所以我们认为康托在此应用了良序化定理。

④ 就是前面说的初等代数里的"乘数"。——中译者注

式修正了我们的思想的实质。仅就把它们看成外部世界的过程和关系的表征或者映像(*Abbild*),从而与心智(*intellect*)区分开来,才赋之以"**真实性**"(actuality)——我们下面就说是**第一种真实性**——而把外部世界的过程和关系的表征或者映像称为**第二种真实性**"。现在康托的立场就是:**第一种真实性一定蕴含了第二种真实性**,①然而,这件事的证明往往是一个最困难的形而上学的问题;但是,在纯粹数学中,我们只需要考虑第一种真实性,而正如康托所说:"**数学在其发展中是很自由的,而仅仅需要服从于一个自明的条件,即其概念必须是自身没有矛盾,且与以前已经形成或经过考验的定义有固定的关系。特别是,在引进新数时,只需给出它们定义以确保新数具有确定性,并与旧数之间具有这样一种关系,这种关系又能使新定义的数与旧的数区别开来。只要一个数满足这些条件,就必须认为这些新数在数学里是存在而真实的。正是因此,我才看到了我们必须认为有理数、实数和复数都和正整数是一样存在的。**"

不必担心数的形成的这种自由性会影响科学性,因为一方面我们所引述的可以单独实现这种自由性的条件是很严格的,这些条件给任意作为(arbitrariness)只留下了极小的机会;而另一方面,每一个数学概念都自身具有一种自我纠正的功能,——如果它不会结出果实或者不便于使用,这个情况很快就会显现出它的无用性,从而被抛弃掉。

为了支持纯粹数学的概念的自由性,而不受形而上学的控制的见解,康托引述了19世纪的一些大科学家的名字以及由他们建立的数学分支,其中最有启发性的例子当推**库默尔**(德国数学家)在数论中引入"**理想数**"(ideal number)。但是如解析力学和物理学这样的"应用数学",则在其基础和目的两个方面都是**形而上学**的。康托说:"如果数学想要如近

① 按康托的说法,这是"**万有**(all)(包括我们自身)的统一性的推论",所以在纯粹数学中,我们只需要如文中所述,关注我们的概念在第一种意义下的真实性。

来一位著名的物理学家①所建议的那样摆脱形而上学,那它就会蜕化为
'对于自然界的描述',这样一定既会失去自由数学的那种清新气息,也
会失去对于自然界的表现的**解释**和**在此基础上建立新理论**的能力。"

康托关于正确形成数学概念的过程的见解是非常有趣的。按照康托
的判断,这个过程在各处都是一样的;我们先提出一个没有任何特性的东
西,它最初只不过是一个名称或符号 A,然后我们给它加上不同层级,甚
至无穷多层级的**谓语**或**述语**(predicate),已经出现的谓语或述语的意义
已知,而且这些意义不能自相矛盾。至此,A 对于已经出现了的,特别是
相近的概念的关系就是完全确定了的;当我们完成了这个过程时,确定概
念 A 的条件就完备了。它完全实现了第一种意义的"存在",而要证明它
的第二种意义的存在就只是一件形而上学的事情了。

这样做似乎是部分地支持了海涅在一篇论文中所采用的一个过程,
此文是海涅在与康托的讨论中受到康托的启发而写成的,其中首先定义
实数为一种**符号**,而后来才赋之种种性质。但是康托本人后来断然指出
了**克罗内克**(德国数学家)和**亥姆霍兹**在讲述数的概念时所犯的错误,即
他们是从关于数的科学理论的最后的、对于数的本质的最不关紧要的概
念出发——用关于次序的**词句**或者**符号**;所以,我想我们必须把康托的评
论看成是指明了康托在这个时候(1882 年)是关于数的形式主义理
论——至少是关于有理数和实的非整数的理论——的支持者。

事实上,康托关于在数学中"存在"一词究竟指什么——这些概念与
他的引入无理数或超穷数是密切相关的——本质上是与汉克尔(1867
年)关于"可能或不可能的数"的概念是一致的。汉克尔是一位前后不太
一致的形式主义者,在1884 年被弗雷格尖锐地批评过,但是这些批评标
志着数学的**逻辑主义理论**的兴起,康托早期的工作属于他的**形式阶段**,后

---

① 这显然指的是基尔霍夫(Gustav Robert Kirchhoff,1824—1887,德国物理学家)。众所周
知,是基尔霍夫这样建议的。(见他的 *Vorlesungen über Mathematische Physik*, vol. 1, Mechanik,
Leipzig,1874)。请比较马赫(Ernst Waldfried Josef Wenzel Mach,1838—1916,奥地利物理学家)为
他的 Mechanics 以下各版所写的序(3rd ed. ,Chicago and London,1907;Supplementary Volume,Chi-
cago and London,1915),还有他的 *Popular Scientific Lectures*,3rd ed. ,Chicago and London,1898,pp.
236-258)。

期的工作可以说是属于他的**心理学阶段**。①

康托最后明确讨论了"连续统"的概念的意义,并且给出了确切的含义。在简单地谈到留基伯、德谟克里特斯、亚里士多德、伊壁鸠鲁(Epicurus)、卢克莱修(Lucretius)、托马斯·阿奎那(Thomas Aquina)关于这个概念的讨论以后,强调指出,在确定何为连续统时我们不能从时间或空间的概念开始,因为时间和空间的概念只有用连续性概念才能清楚地解释,而连续性概念必定是与时间和空间的概念独立的,所以他从 n 维的平面算术空间 G_n 开始,而后者就是数值组

$$(x_1, x_2, \cdots, x_n)$$

的全体,这里每一个 x_i 都可以独立地在 $-\infty$ 到 $+\infty$ 中取值。每一个这样的数值组就称为算术空间 G_n 的一个"算术点",而两个这样的算术点的"距离"则可用表达式

$$+\sqrt{(x'_1 - x_1)^2 + (x'_2 - x_2)^2 + \cdots + (x'_n - x_n)^2}$$

来定义,G_n 中的"算术点集合" P 是指 G_n 内按一定规律选择出来的点所构成的集合。这样,我们的研究工作进行到如何建立它的一个精准而且尽可能一般的定义,使得我们能够确定在什么时候才可以称 P 为一个"连续统"。

如经过一阶导集合 P' 具有数类(I)的势,则可在(I)或者(II)中找到第一个数 α 使得 $P^{(\alpha)}$ 为空集;但是如果 P' 不具有数类(I)的势,则 P' 恒可以以唯一的方式分解为两个集合 R 和 S 之和,其中 R 是"**可化约的**"(reducible)就是说能够在(I)或者(II)中找到第一个数 γ,使得

$$R^{(\gamma)} \equiv 0,$$

再则,如果求导运算不改变 S,即有

$$S = S',$$

从而也就有

$$S \equiv S^{(\gamma)},$$

这时就说 S 是"**完全的**"(perfect)。任何集合都不可能既是可化约的又是

---

① 本书 38 页脚注①中曾经指出康托的形式主义观点,现在可以看到这其实是指康托工作的早期阶段可以说是形式主义的。——中译者注

完全的。"但是另一方面,不可化约又未必是完全的,而不完全也不可能就说可化约的,只要细心一点就会看到这一点。"

完全集绝非一定为处处稠密的;下面是康托所给出的在**任何区间中都不处处稠密**的集合的例子;所以,这样的集合不可能适合连续统的完全的定义,虽然我们承认连续统应该是完全的。可以用于连续统的另一个特征是:这个集合 P 一定是**连通的**(connected,德文是 *zusammenhängend*),就是说,如果 t 和 t' 是 P 中任意两点,而 ε 是任意给定的正数,则 P 中必存在有限多点 $t_1, t_2, \cdots, t_\nu$ 使得所有的距离 $tt_1, t_1t_2, \cdots, t_\nu t'$ 都小于 ε。

"容易看到,所有我们已知的点连续统都是连通的;现在,我相信而且承认"完全"和"连通"这两个性质是点连续统的必要且充分的特征性质。"

波尔查诺的连续统定义(1851 年)肯定是不正确的,因为它只表现了连续统的一个性质,而此性质也是以下的集合所具有的。这些集合就是从 G_n 中除去孤立的集合所得到的集合,还有那些由许多分离的连续统所成的集合。在康托看来,戴德金①则只是强调连续统的另一个性质,即与所有其他完全集所共有的性质。

现在我们要跳过点集理论直到 1882 年的发展——就是跳过本狄克孙(Ivar Otto Bendixson, 1861—1935, 瑞典数学家)和康托关于完全集合的势的研究、康托关于**非相干性**(adherences)和**相干性**(coherences)的研究,还有康托、斯托尔兹、哈纳克、约旦(Marie Ennemond Camille Jordan, 1838—1922, 法国数学家)、波莱尔(Félix Édouard Justin Émile Borel, 1871—1956, 法国数学家)关于"容度"(content)的研究,还有约旦、布洛顿(Torsten Brodén, 1857—1931, 瑞典数学家)、奥斯古德(William Fogg Osgood, 1864—1943, 美国数学家)、贝尔(René-Louis Baire, 1874—1932, 法国数学家)、阿尔泽拉(Cesare Arzelà, 1847—1912, 意大利数学家)、申夫里斯(Arthur Moritz Schoenflies, 1853—1928, 德国数学家)和许多其他人的研究,现在就来寻求超穷级数和超穷序数理论经康托之手在 1883 年到 1895 年的发展的踪迹。

———————————

① 见戴德金的 *Essays on number*, pp. 11。

Ⅷ

从 1883 年到 1890 年间,康托关于超穷理论的思想发展,可见于他 1887 年和 1888 年发表在《哲学和哲学批判》(*Zeitschrift für Philosophie und Philosophiscne Kritik*)杂志上的各篇论文中,这些论文后来又于 1890 年以《关于超穷数的理论》(*Lehre vom Transfiniten*)为题出版成书。这本小书的一大部分内容是关于哲学家们对于无穷数的可能性的否定意见的详细讨论,以及与哲学家和神学家们的来往信件的摘要等。① 康托说:"所有的关于实无穷的不可能性的证明,无论是在各个特殊情况下,还是在一般基础上都是虚伪的。其所以如此就在于它们一开始总是对所讨论的数赋予了有穷数所具有的一切性质,而如果能够以任何形式来思考无穷数,就一定构成与有穷数相对立的类新数,而这类新数的本性又依赖于事物的本性,从而是研究的对象,而不是来自我们的主观臆想或偏见。"

1883 年,康托就已经开始关于自然数的观点,以及古典哲学或形而上学中的**共相**(universals,也就是用拉丁文说的 unum versus alia)问题的讲演。这些观点是: 这个与集合有关的一般概念是研究集合时把元素的本性抽象掉而得到的。他说:"不同事物的每一个集合都可以看作是一个**一元的**(unitary)或整体的事物,而我们说到的不同事物则是构成它的元素。如果我们**既**抽象掉元素的本性,**又**抽象掉给出这些元素的次序,我们就会得到集合的**基数**(cardinal)也就是其**势**(power)的概念。这是一个一般的概念,而元素则称为**单元**,它们有机地生成一个一元的整体,而其中各个元素在此整体中是不分等级的。由此得出一个情况,即两个不同的集合当且仅当它们互相之间有我说的'等价'关系时才有相同的基数,而对于无穷集合有一个常见的情况是: 两个有相同基数的集合中,有一个是另一个的子集合,这并不会引起矛盾。我以为认识不到这个情况是引入无穷数的主要障碍。如果我们考虑的集合的元素可以按照一个或多

---

① 见第Ⅶ节的开始处。

个**关系**[又称**维度**(dimension)]来排列次序,而我们又只抽象掉这些元素的本性,而对这些元素的次序等级(rank)作为一般的概念并不加以区分,这样有机地生成的一个一元的整体就是我说的'**序型**'(ordinal type),而在良序集的特例下则称为'**序数**'(ordinal number)。这个序数和我在1883年的《基础》一书中说的'**良序集的** enumeral '(Anzahl)是一回事。如果两个有序的集合相互之间有一种'相似'关系(什么是相似关系以后还会确切地定义),就说它们有相同的'**序型**'(ordinal type)。正是这些序型的理论,特别是序数理论才是超穷序型理论得到具有逻辑必然性的发展的根源。我希望尽快就能以系统的形式发表这个理论。"

康托在1883年的这篇讲演的内容也见于康托1884年的一封信里。康托在此信中指出,一个集合 M 的基数是一个一般的概念,而所有具有同样基数的集合都等价于 M。他还说:"集合理论的最重要的问题之一就在于确定在我们可能理解的全部自然界中的集合所可能具有的势,而我相信这在我的《基础》的主要部分里我已经解决了这个问题。我是通过发展关于良序集的一般概念 enumeral,也就是说发展序数的概念而达到这一点的。"序数的概念是**序型**(ordinal type)概念的一个特例。序型之于一般的单向或多向有序集合的关系,正如序数概念之于良序集合。这里产生的问题是如何确定自然界中的各种序数。

当康托说他已经解决了确定自然界中不同的势的主要问题时,他的意思是指他几乎已经证明了算术连续统的势就是第二类序数的势。虽然可能是由于下面的事实,即连续统的所有已知的集合或者是第一个无穷势(即可数势),或者是连续统势,康托坚信他已经证明了算术连续统的势就是第二类序数的势,但是到今天这个定理既未被证明也未被否证。而且有理由相信这是做不到的。

康托在《基础》说到的两个具有相同 enumeral 的良序集之间的关系在这里则称为"**相似**"(similarity)关系,而在两个序数的乘法法则上则背离了他在《基础》一书中的习惯而把乘数放在右方,把被乘数放在左方。这一点改变的重要性体现在可以写出公式

$$\alpha^{\beta} \cdot \alpha^{\gamma} = \alpha^{\beta+\gamma};$$

而按照《基础》的写法则应该是

$$\alpha^{\beta} \cdot \alpha^{\gamma} = \alpha^{\gamma+\beta}。$$

在这封信的末尾，康托还指出，在一定意义下 ω 可以看作全体有穷的自然整数 ν 所趋向的极限。这里，如康托本人说的那样："ω 是大于**所有**有穷数的最小的超穷序数；很像 $\sqrt{2}$ 是某个逐渐增加的有理数的极限，但是这里有一点区别：$\sqrt{2}$ 与这些逼近的分数之差可以要多小就有多小，但是 $\omega-\nu$ 始终等于 ω。但是这一个差别绝不能改变一个事实：ω 中不会包含趋近于它的数 ν 的任何痕迹，而在 $\sqrt{2}$ 中却可以看到趋近于它的有理分数的痕迹。在一定义意义下超穷数是**新的无理数**，而且在我看来，定义**有穷无理数**的最好的方法和我引入超穷数的方法在原则上是一样的。我们可以说，不论超穷数像或者不像有穷有理数，作为最内在的存在却是相似的，因为二者都是实无穷的确定地标志好了的修正。"

康托在 1886 年的一封信里有一段话在原则上与此有关。这段话就是："最后我还要向您解释我是在什么意义下把超穷数理解为不断增加着的有穷数的极限的。为此我们先要考虑到在有穷数域里的'极限'有两个基本的特征。例如，数 1 是数 $z_{\nu} = 1 - \dfrac{1}{\nu}$ 的极限，这里的 ν 是一个无限增长自然数。首先，差 $1-z_{\nu}$ 是一个变为无穷小的量；其次，1 又是大于所有的 z_{ν} 的最小的量。这两个特征都把 1 刻画为变动的量 z_{ν} 的极限。如果我们想把极限概念推广到超穷极限，我们会用到上述的第二个特征，而必须把第一个特征抛弃掉，因为它只对有穷极限有意义。按照这一点说来，我之所以能够把 ω 称为上升的有穷自然数 ν 的极限，是由于 ω 是大于所有有穷数的最小的数。但是 $\omega-\nu$ 总是等于 ω，所以我们不能说上升的有穷自然数 ν 可任意地接近 ω；说真的，任意的数 ν 不论多么大，总不可能作为最小的有穷数来接近 ω，而会相当地远离它。我们在这里特别清楚地看到一个重要的事实，就是我的最小的超穷序数 ω，以及所有更大超穷序数都离开无尽头的序列 $1, 2, 3, \cdots$ 还相当远。ω **并不是**最大的有穷数，因为根本不存在这么一个东西。"

康托在他的 1886 年的另一封信件中强调了无理数理论的另一个侧面。在所有关于无理数的一切定义中都本质地应用了一个特殊的**实无穷**

(actually infinite)集合,即有理数的集合。在康托 1886 年的这一封和另一封信件中,康托都很详细地考察"**潜无穷**"(potential infinite)和"**实无穷**"(actual infinite)的区别。这两个概念他都曾作为主要的问题在他的《基础》中讨论过,但是用的是其他名词。潜无穷是一个变动的有穷量,为了能完全地了解这个变量,我们必须能够确定其变域,而这个变域一般说来是值的一个实无穷集合。这样,每一个潜无穷都要以一个实无穷为其前提。这些"变域"是在集合理论中研究的,而且是算术和分析的基础。此外,除了实无穷以外,在数学中还必须考虑这种集合的自然的抽象,这些抽象构成了超穷数理论的素材。

到了 1885 年,康托已经在很大程度上发展了他的基数理论和序型理论。

在他写的一篇很长的文章里,他对序型理论给予特别的强调,并且讨论了他以前未曾发表过的内容,如关于序型的一般定义,以及作为特例的序数的定义。在此文中,他把集合 M 的基数记为 $\overline{\overline{M}}$,而把集合 M 的序型记为 $\overline{M}$;字母上方的横线数目表示需要完成一次抽象还是两次抽象。

在基数理论中,他定义了两个基数的加法和乘法,而且使用即将在下面翻译的 1895 年的论文中完全一样的方法证明了其基本的规律。康托的观点的特征在于他尖锐地把一个集合和属于此集合的基数区分开来:"难道一个集合不是在我们**身外**的对象,而它的基数不是它在我们的**头脑中**的抽象的图像吗?"

对于所有的任意维数的有序集合,例如,空间中有三个直角坐标所定义的整体;又例如,一段音乐是由某个**声调**(tone)出现的时间、该声调的**时长**(duration)、声调的**音高**(pitch)、声调的**强度**(intensity)所确定的维数,所以:"如果我们把元素的本性抽象掉而只保留它们在所有 n 个方向上的**等级**(rank),我们头脑中就得到了一个图像,我就称这是一个 n-重序型"。有序集合的"**相似性**"(similarity)的定义如下:

"我们说两个 n-重有序集合 M 和 N 是相似的,如果可以使二者的元素唯一而且完全地互相对应,使得如果 E 和 E' 是 M 的任意两个元素,F 和 F' 是 N 中的相应元素,则对于 $\nu=1,2,\cdots,n$,E 和 E' 在集合 M 的第 ν 个方向上的等级关系、与 F 和 F' 在集合 N 的第 ν 个方向上的等级关系恰好一样。我们把两个互相相似的集合的对应关系称为由其中之一在另一个上的映射。"

序型的加法和乘法及它们的规律的处理和下面将要翻译的康托的 1895 年的论文非常相像。这篇论文的其余部分讨论了关于 n-重有穷序型的问题。

1888 年，康托已经形成了以下的非常清晰的观点，即数的概念的本质部分就在于我们已经形成的**一元**（unitary）或者说是"整体"的概念。他还对克罗内克和亥姆霍兹 1887 年发表的论文作了有趣的批评。这两位作者在研究序数时，都是从我们的处理中关于序数的最后的和最不关紧要的特点——就是文字以及我们用来表示这些数的其他符号——开始的。

1887 年，康托还给出了**实无穷小**（actually infinitely small magnitude）之不存在的证明。这个证明以前已经在《基础》中讲到过，而后来又由皮亚诺给出了更严格的形式。

我们已经讲过了康托在 1883 年以及其后所发表的关于点集合的文章；除此以外，关于超穷数理论的重要问题唯一未提到的是他 1892 年的一篇论文。在这篇文章里我们可以看到**覆盖**（Belegung）概念的起源，而这个概念是在我们下面要翻译的康托的 1895 年的论文中定义的。用康托 1895 年的论文中的术语来讲，我们可以说，康托的 1892 年的论文中就是证明了 2 的超穷基数指数将给出一个新的超穷基数，它大于所说的超穷基数。

从 1885 年到 1895 年的十年间，"覆盖"概念的引入是在超穷数理论的原则性的研究中最为引人注意的进展。现在我们就可以研究康托的两篇论文中给出的超穷数理论的最成熟形式了。即作为本书主体的 1895 年和 1897 年论文。这个理论在 1897 年以后的主要发展将在本书末尾的**注释**中介绍。

英译本序言

茹尔丹

· *Preface* ·

如果我们想领略康托关于超穷数工作的全部意义，就必须对他此前关于点集理论的研究进行彻底思考，并牢记在心。正是这些研究首次表明提出超穷数的必要性，也只有通过对这些研究的思考，我们才能消除对于超穷数的引入是"任意为之的、不安全"的感觉。进一步说，我们还有必要向前追溯那些对康托思想产生了影响的工作，特别是魏尔斯特拉斯的工作。

本书包含了康托关于超穷数的两篇非常重要的论文。这两篇论文分别于 1895 年和 1897 年发表在《数学年鉴》上，当时题为《对超穷集合理论的解释》。① 在我看来，因为这两篇论文主要研究各种超穷基数和序数，而不是研究通常所谓"**集合理论**"（*Mengenlehre*, *théorie des ensembles*）——这些集合的元素是实数或复数，通常可以描绘为 1 维或高维的几何"点"——所以译文的标题改为现在的"**超穷数理论基础**"更为合适。

这两篇论文是康托于 1870 年开始写作的一系列论文中最重要结果的最后的陈述。我觉得，如果我们想领略康托关于超穷数工作的全部意义，就必须对他此前关于点集理论的研究进行彻底思考，并牢记在心。正是这些研究首次表明提出超穷数的必要性，也只有通过对这些研究的思考，我们才能消除对于超穷数的引入是"任意为之的、不安全"的感觉。进一步说，我们还有必要向前追溯那些对康托思想产生了影响的工作，特别是魏尔斯特拉斯的工作。所以，我加写了一个导读，追溯 19 世纪函数理论某些部分的发展，而且比较详细地讨论了魏尔斯特拉斯和某些人的基本研究，以及康托从 1870 年到 1895 年所做的工作。书末的一些注释则简短地介绍了超穷数理论在 1897 年以后的发展。在这些注释和导读中，我极大地受益于康托教授关于集合理论所给我的知识。这些知识是在他与我多年的通信中给予我的。

康托的工作在哲学中引起的革命性影响，可能比在数学中引起的革命更大。除了极少例外，数学家们都愉快地接受了康托理论的基础，并加以发展，使之完善。但是许多哲学家则反对它。这似乎是因为只有极少

◀ 1872 年的法兰克福。

---

① 这两篇论文就是 Beiträge zur Begründung der transfiniten Mengenlehre Ⅰ, *Mathematische Annalen*, Vol. xlvi, 1895, pp. 481-512；以及 Beiträge zur Begründung der transfiniten Mengenlehre Ⅱ, *Mathematische Annalen*, Vol. xlix, 1897, pp. 207-246。正如茹尔丹所说，这个标题并不恰当，因此改为现在的标题。但是茹尔丹写的这个标题是英文的，所以论文发表的卷期和页码均用了英文的格式，但在下面引用它们时有时仍用德文的简记 Beiträge I 和 Beiträge Ⅱ。——中译者注

数哲学家懂得它。我希望本书能让哲学家和数学家更好地熟悉康托的理论。

对于现代纯粹数学——间接地也对依靠于此的现代逻辑学和哲学——影响最为突出的三个人是魏尔斯特拉斯、戴德金和康托。戴德金的工作很大一部分是沿着与康托工作平行的方向发展的,而把康托的工作与戴德金的著作《连续性与无理数》(*Stetigkeit und irrationale Zahlen*)和《数的本质和意义》(*Was sind und was sollen die Zahlen?*)加以比较是很有教益的。(这两本书都有极佳的英文译本,[①]由本书同一出版社出版。)

康托的这些论文均有法文译本,[②]但是没有英文译本。我在此要感谢柏林《数学年鉴》的出版者,莱比锡的托依布纳(Messrs B. G. Teubner)允许我翻译这些论文。

---

① W. W. Beman 翻译。书名为 *Essays on the Theory of Numbers* (I. *Continuityand Irrational Numbers*; II. *The Nature and Meaning of Numbers*),Chicago,1901。下面引用此书是均简称为 *Essays on Number*。

② F. Marotte,*Sur les fondements de la théorie des ensembles transfinis*,Paris,1899。

康托年代，无穷并不是一个新鲜名词，这个概念早在两千多年以前就已提出了。虽然人们很早就接触到无穷，却没有足够的能力去把握和认识无穷。甚至有些古希腊数学家排斥无穷，拒绝无穷进入数学。这种思想千百年来一直存在着。

亚里士多德（Aristotle，前384—前322）在其《物理学》中写道："只有潜能的上限……不会有现实的无限。"此后直到集合论问世以前，大多数哲学家和数学家依循上述肯定潜无穷而否定实无穷的传统。

◀ 亚里士多德雕像

伽利略（Galileo Galilei，1564—1642）曾注意到自然数集可以和其平方数集一一对应，但坚持有限数学的立场，认为这有悖于"整体不能等于部分的常识"。

17世纪，牛顿与莱布尼兹创立了微积分。微积分的有效性没问题，但其严格性不足，致使无穷概念受到强烈质疑。

➡ 莱布尼兹（G. W. Leibniz，1646—1716），德国哲学家、数学家，被誉为17世纪的亚里士多德。他证明无穷数是不可能的，理由是"部分等于整体"自相矛盾。

⬆ 牛顿（I. Newton，1642—1727），英国皇家学会会长，著名物理学家，百科全书式的"全才"，在其《自然哲学之数学原理》引入微分、求导和初步的积分概念。图为1689年的牛顿画像。

19世纪开始，柯西和魏尔斯特拉斯等人进行了微积分理论严格化的工作，其中涉及了有关无穷的理论，于是重新提出了无穷集合在数学上的存在问题。

1822年，法国数学家傅立叶（Joseph Fourier，1768—1830）在其著作《热的解析理论》中将热量的分布函数分解为三角函数的级数和，并提出构想：所有函数都能表达为三角级数。但当时不能确定其唯一性。

➡ 1822年法文版《热的解析理论》的扉页。

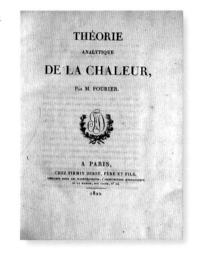

⬅ 北京大学出版社中文版《热的解析理论》封面

康托分别于1870年和1871年发表论文，证明了函数三角级数表示的唯一性定理，并证明即使在有限个间断点处不收敛，这个定理依旧成立。

1872年，康托在《数学年刊》上发表论文《三角级数中一个定理的推广》，把唯一性定理推广到允许例外值为某种无穷集合的情形。从此，他开始从对唯一性问题的探讨转向点集论的研究，把无穷点集上升为明确而具体的研究对象。这是他个人研究的一次标志性变化，开启了数学发展的一个新时代。同年，戴德金出版了《连续性与无理数》一书，以有理数为基础，用后人所称的"戴德金分割"定义了无理数，建立了完整的实数理论。康托也讨论了实数问题，因此二人建立了通信联系。

⬆ 戴德金（Richard Dedekind，1831—1916），德国数学家和教育家，近代抽象数学的先驱。

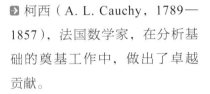 德国数学家施瓦兹（Hermann Amandus Schwarz，1843—1921），同样受库默尔和魏尔斯特拉斯的影响而攻读数学。曾在1870年左右给予康托许多鼓励和帮助。

柯西（A. L. Cauchy，1789—1857），法国数学家，在分析基础的奠基工作中，做出了卓越贡献。

米塔格 - 莱夫勒（Mittag-Leffler，1846—1927），瑞典数学家，最早对康托的集合论产生兴趣的数学家之一，《数学学报》的主编，曾将康托的论文翻译介绍到国外。

在康托时代，有一部分数学家像克罗内克那样不承认无穷，也有一些数学家，像高斯那样只承认潜无穷，而否认实无穷。高斯、柯西都明确反对在无穷集合之间使用一一对应这种比较手段，因为这会导致部分等于整体的矛盾。

⬇ 高斯（Gauss, 1777—1855），德国著名数学家，近代数学奠基者之一。享有"数学王子"之称。承认潜无穷，否认实无穷。

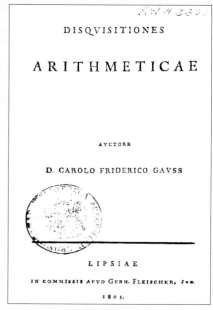

⬆ 高斯的《算术研究》1801 年第一版的扉页。

康托一生主要贡献是创立了集合论和超穷数理论。

1874 年，康托发表论文《论所有实代数数的集合的一个性质》，标志着集合论的诞生。1883 年，出版《集合论基础，无穷理论的数学和哲学探讨》，系统论述集合论思想，这是康托数学研究的里程碑。

1895 年和 1897 年，康托以《超穷数理论基础》Ⅰ和Ⅱ为题先后在《数学年刊》上发表两篇论文，对超穷数理论具有决定意义。至此，超穷基数和超穷序数理论基本宣告完成。

康托的工作在哲学中引起的革命性影响，可能比在数学中引起的革命更大。除了极少例外，数学家们都愉快地接受了康托理论的基础，并加以发展完善。但是许多哲学家则反对它。

19世纪，康托关于连续性和无穷的研究从根本上打破了陈规，饱受克罗内克等数学家的质疑。这导致康托没能入职柏林大学，为此，康托甚至精神抑郁。

克罗内克是康托同时代的数学权威，一个坚定的有穷论者。也是康托的老师，又都曾受教于库默尔，但这并没使他们的数学思想路线保持一致，他长期敌视和压制超穷思想，称康托是骗子、叛徒。

→ 克罗内克

← 法国数学家、物理学家、哲学家庞加莱（Pancore，1854—1912）认为集合论以及康托的超穷数理论代表数学发展史中的一场疾病。

19世纪末，康托的工作开始得到广泛承认和赞扬，1897年，在康托筹办的首次国际数学大会上，赫维茨阐述了康托集合论的贡献。1900年，第二次国际数学大会上，希尔伯特将连续统假设列在20世纪初有待解决的23个主要数学问题之首。

→ 德国数学家赫维茨（Adolf Hurwitz，1859—1919）

1901 年，康托当选为伦敦数学会的通讯会员，1902 年获得克里斯丁亚那（Christiania）的荣誉博士学位。1904 年获得伦敦皇家学会颁发的西尔威斯特奖章。1911 年获得圣安德鲁斯大学（St. Andrews University）的荣誉博士学位。

罗素和他的孩子们

康托自己首先发现了集合论的内在矛盾，但直到 1903 年罗素（B. Russel，1872—1970）发表罗素悖论（被罗素后来形象称为理发师悖论），这种内在矛盾才凸显出来。这种矛盾引发了 20 世纪集合论和数学基础的系列研究。

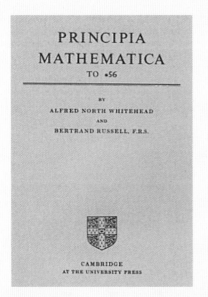

怀特海（A. N. Whitehead，1861—1947），英国数学家和哲学家

罗素认为康托是 19 世纪最伟大的学者之一。1906 年康托提出了克服罗素悖论的尝试。1925 年罗素发表了类型论，消除了已知的集合论的悖论。图为怀特海和罗素的《数学原理》1903 年版扉页，该书引用了康托的理论。

集合论是严格的实数
理论与极限理论的基础，
所以集合论悖论直接导致
了第三次数学危机，促使
策梅洛和弗兰克尔等诸多
数学公理化大师创造出了
ZFC 公理系统等。

ZFC 公理系统是在由
策梅洛和弗兰克尔等提出
ZF 系统的基础上，加上选
择公理所构成的。

⬆ 策梅洛（Zermelo，1871—
1953），德国数学家。1932 年
编辑了康托的文集。

⬆ 弗兰克尔（A. H. Fraenkel，
1891—1965），德国数学家，
1930 年撰写了康托的传记。

直觉主义代表人物布劳威尔（Brouwer，1881—1966）反对超穷集合论。形式主义学派
代表人物希尔伯特则高度赞扬集合论"是人类纯粹智力活动的最高成就之一"。1926 年，希
尔伯特再次称赞超穷数理论是"数学思想最惊人的产物，在纯粹理性的范畴中人类活动的最
美的表现之一。"这一立场导致了布劳威尔 – 希尔伯特争议。

⬆ 希尔伯特（D. Hilbert，1862—
1943），20 世纪上半叶国际数学
界的领军人物，非常支持康托的
理论。

⬆ 格丁根大学数学系，1895—1930 年希尔伯特在
此工作。

康托的集合论和超穷数理论思想产生了巨大威力，集合论成为实数理论乃至微积分理论的基础，严密的微积分随之建立起来。同时，大大拓展了数学的研究疆域，为数学结构奠定了基础，深深影响了现代数学的走向，最终成为整个数学的基础，亦对现代哲学与逻辑学的产生和发展大有裨益。

1930 年和 1931 年，奥地利逻辑学家哥德尔相继提出两个不完备性定理，摧毁了试图把整个数学形式化的企图，在数学界引起轩然大波。1938 年，哥德尔又证明了选择公理与连续统假设与 ZFC 公理系统的无矛盾性。

↑ 哥德尔（K. Gödell，1906—1978）

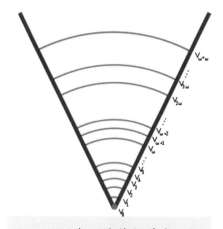

1925 年，美籍数学家、物理学家和计算机科学家冯·诺伊曼（J. von Neumaun，1903—1957）建立公理系统——冯·诺伊曼集合层次，用 V 表示，为形式化的 ZFC 系统提供解释。图为冯·诺伊曼集合层次的初始部分示意。

在冯·诺伊曼的基础上，1945 年，瑞士数学家贝尔奈斯提出了一个公理集合论，建立了公理化集合系统，后经过哥德尔的修改，称为冯·诺伊曼–贝尔奈斯–哥德尔集合论。

↑ 贝尔奈斯（P. Bernays，1888—1977）

1963 年，美国数学家科恩（P. J. Cohen，1934—2007）证明 ZFC 公理不能证明连续统假设的的对错。

超穷数理论基础

（一）

· Contributions to the Founding of the Theory of Transfinite Numbers ·

（Ⅰ）

> 我不提出假说。
>
> 我们还不能随我们的意愿来解释大自然，而只能忠实地描述它。
>
> 时间和后来的研究者的辛勤会让一切变得分明。

(Beiträge I)

"Hypotheses non fingo."

"Neque enim leges intelllectui aut rebus damus ad arbitrum nostrum, sed tanquam scribus fideles ab ipsius naturm voce atas et prolatas excipimus et describimus."

"Veniet tempus, que ista quæ nune latent, in lucem dies extraliat et longioris ævi diligentia."[①]

我不提出假说。

我们还不能随我们的意愿来解释大自然,而只能忠实地描述它。

时间和后来的研究者的辛勤会让一切变得分明。

§1
势或基数的概念

我们把"**集合**"(Menge)一词理解为把一族来自我们的直觉或思维的确定而且分离的对象 m **看作一个整体**(Zusammenfassung zu einem Ganzen)M。这些对象就称为 M 的"元素"。

这件事我们用符号表示为

$$M = \{m\}。 \tag{1}$$

如果有许多集合 $M, N, P, \cdots$ 彼此均无公共元素,把它们合并成一个单个的集合,我们记所得的集合为

$$(M, N, P, \cdots)。 \tag{2}$$

所以这个集合的元素就是集合 $M, N, P, \cdots$ 的所有元素。

◀ 青年时期康托。

---

① 原文是拉丁文,第一句话是牛顿说的,后两句也可能是。感谢莱比锡的 J. Jost 教授和夫人李先清教授提供了译文。——中译者注

如果一个集合 M_1 的所有元素都是另一个集合 M 的元素,我们就说 M_1 是 M 的"部分"或者"子集合"。

如果 M_2 是 M_1 的部分,而 M_1 又是 M 的部分,则 M_2 也是 M 的部分。

每一个集合 M 都有一个确定的"**势**"或称"**基数**"。

我们也把通过主动的思维而得到的关于 M 的一个一般概念称为其"**势**"或者"**基数**",这个一般概念是由 M 经过两次抽象,即既抽象掉它的元素 m 的本性,又抽象掉它们在 M 中的次序而产生的。

[482]①我们记这个双重抽象的结果,即 M 的基数或者势为

$$\overline{\overline{M}}。 \qquad (3)$$

因为每一个单个的元素在抽象掉其本性以后都成为一个"单元",所以基数 $\overline{\overline{M}}$ 就是一个由单元构成的确定的集合,而基数这样的"**数**"就成了给定的集合 M 的一种理智的想象,或者说基数是 M 在我们的头脑中的投影。

如果我们能够按照某个规律使得两个集合 M 和 N 的元素建立一种关系,使得一个集合中的每一个元素都有且仅有一个对应于另一个集合元素与之对应。从而对于 M 的一个部分 M_1 也一定有 N 的一个确定的部分 N_1,反之亦然;我们就说两个集合 M 和 N 是"等价的",并记作

$$M \sim N \text{ 或 } N \sim M \qquad (4)$$

如果我们有了两个等价集合的对应规律,则除非这两个集合各自都只含一个元素,我们就可以以多种方式来修改这个对应规律。例如,可以使 M 的一个特殊元素 m_0 和 N 的一个特殊元素 n_0 相对应。因为,如果按照原来的规律,m_0 和 n_0 并不互相对应,而是有 N 的另一个元素 n_1 与 m_0 对应,又有 M 的另一个元素 m_1 与 n_0 相对应,这时我们就可以如下面那样来修改原来的对应规律:让 m_0 对应于 n_0,m_1 对应于 n_1,而其他的元素的对应关系不变,这样修改了的规律就能达到我们的目的。

每一个集合都等价于其自身:

$$M \sim M \qquad (5)$$

如果两个集合都等价于第三个集合,它们彼此也就互相等价。就是说

$$\text{由 } M \sim P \text{ 以及 } N \sim P,\text{可得 } M \sim N。 \qquad (6)$$

---

① [482]这样的数字表示这一段在德文原文中的页码。——中译者注

下面的定理有基本的重要性：两个集合 M 和 N 当且仅当有相同基数时才互相等价。所以，

$$由 M \sim N，可得 \overline{\overline{M}} = \overline{\overline{N}}，\qquad (7)$$

同样还有

$$由 \overline{\overline{M}} = \overline{\overline{N}}，可得 M \sim N。\qquad (8)$$

所以，集合的等价性是它们的基数相等的必要充分条件。

[483] 事实上，按照前面给出的势的定义，如果把 M 的一个元素、多个元素，乃至所有元素都换成其他的东西，基数 $\overline{\overline{M}}$ 也是不会改变的。其证明如下：如果 $M \sim N$，则有一个对应规律，使得按此规律 M 和 N 的元素彼此唯一地相互地搭配；而按此规律 M 的每一个元素 m 都将对应于 N 的某一个元素 n。于是我们可以想象把 M 的每一个元素 m 都换成 N 的某一个元素 n。所以，

$$\overline{\overline{M}} = \overline{\overline{N}}。$$

逆定理的证明可以得自以下的事实，即 M 的元素和其基数 $\overline{\overline{M}}$ 的不同单元之间的关系是一种 univocal 关系（或者说是 bi-univocal 的关系①）。因为我们看到了 $\overline{\overline{M}}$ 可以说是这样得来的，即由 M 的每一个元素 m 得出 M 的一个特定的单元。所以我们可以说

$$M \sim \overline{\overline{M}}。\qquad (9)$$

同样也有 $N \sim \overline{\overline{N}}$。如果有 $\overline{\overline{M}} = \overline{\overline{N}}$，由 (6) 式即有 $M \sim N$。

我们还要提一下以下的定理，它可以由等价性的概念直接得出，如果 $M, N, P, \cdots$ 是互相均无公共元素的集合，$M', N', P', \cdots$ 也是具有同样性质

---

① biunivocal 关系（或者说是 bi-univocal 的关系）是两个集合之间的对应关系。biunivocal（或者 bi-univocal）一词直接从字典上看就是含义明确、没有疑义的意思，所以如果就事论事地从数学上看，就是"一一对应"，最多是强调这种对应关系是含义明确、没有疑义的。（字头 bi 是"相互、双方"的意思）。那么，康托为什么不直接说"一一对应"呢？何况一一对应在康托的文章里多次用过？因为，如果查阅一下通用的搜索引擎（如维基百科）就会发现这个更多地用于涉及形而上学和宗教文献中。鉴于形而上学和宗教在康托的思想中占有特殊地位，例如在**导读Ⅶ**的 62 页脚注①中讲到康托对于"绝对"（absolute）的理解时就特别提到，康托认为"绝对"甚至就是上帝。这样我们不能不怀疑康托对于 biunivocal 的理解也有类似的情况（可惜没有文字的说明）。有鉴于此，下文中我们就不加翻译，直接用 biunivocal（或者 bi-univocal）一词，而读者也不妨就事论事地从数学上看把它理解为就是"一一对应"。——中译者注

的集合,而且如果

$$M \sim M', N \sim N', P \sim P', \cdots,$$

则我们恒有

$$(M,N,P,\cdots) \sim (M',N',P',\cdots)。$$

§2
势的"大于"和"小于"

如果两个集合 M 和 N 分别有基数 $a = \overline{\overline{M}}$ 和 $b = \overline{\overline{N}}$,而且下面两个条件均成立:

(a) M 没有一个部分等价于 N。

(b) N 有一个部分 $N_1 \sim M$。

第一,显然,如果把 M 和 N 分别换成两个等价的集合 M' 和 N',这两个条件仍然成立。所以这两个条件分别表示了它们的基数 a 和 b 的一个确定的关系。

[484] 第二,由(a)和(b)还可以得到下面的一些结论,就是 M 和 N 的等价性,及随之而得的还有 a 和 b 的相等性都会被排除;因为如果我们有 $M \sim N$,则由 $N_1 \sim M$,就有 $N_1 \sim N$,然后又由 $M \sim N$,将会存在 M 的一个部分 M_1 使得 $M_1 \sim M$,从而我们将有 $M_1 \sim N$;而这与(a)是矛盾的。

第三,a 和 b 的关系是这样的使得 b 和 a 不可能有同样的关系;因为如果在(a)和(b)中把 M 和 N 对调就会得到两个与原来条件矛盾的两个条件。

我们把(a)和(b)所刻画的 a 和 b 的关系说成是:a "小于" b 或 b "大于" a;用符号表示就是

$$a < b \text{ 或 } b > a。 \tag{1}$$

很容易证明

$$\text{如果 } a < b \text{ 同时又有 } b < c,\text{则恒有 } a < c。 \tag{2}$$

与此类似,由定义立即可知,如果 P_1 是一个集合 P 的部分,则由 $a < \overline{\overline{P_1}}$ 可

得 $a < \overline{\overline{P}}$，而由 $\overline{\overline{P}} < b$，可得 $\overline{\overline{P_1}} < b$。

我们已经看到了：三个关系

$$a = b, a < b, a > b$$

的任何一个都排斥另外两个。另一方面，对于任意两个基数 a 和 b，这三个关系必然有一个会实现却绝非自明的事实，而在目前却几乎不能证明。

一定要等到有朝一日我们已经对超穷基数的上升序列作了一个概览，并且洞察了它们的联系时，我们才能得知以下几个定理为真：

A. 如果 a 和 b 是两个任意的基数，则或有 $a = b$，或者 $a < b$，或者 $a > b$。

由此定理很容易得到下面几个定理，但是我们在此还用不上它们：

B. 如果 M 和 N 是这样的两个集合：使得 M 等价于 N 的一个部分 N_1，而 N 又等价于 M 的一个部分 M_1，则 M 和 N 是等价的。

C. 如果 M_1 是集合 M 的一个部分，而 M_2 又是集合 M_1 的部分，而集合 M 又与 M_2 等价，则集合 M_1 与 M 和 M_2 二者都是等价的。

D. 如果对于集合 M 和 N，N 既不等价于 M 又不等价于 M 的一个部分，则一定有 N 的一个部分 N_1 等价于 M。

E. 如果两个集合 M 和 N 不等价，同时又有 N 的一个部分 N_1 等价于 M，则 M 的任何一个部分都不等价于 N。

[485]

§3
势的加法与乘法

两个没有公共元素的集合 M 和 N 的合并、按 §1 的（2）式是记为 (M, N) 的，现在我们称之为 M 和 N 的"并集"（Vereinigungsmenge）

如果 M' 和 N' 是另外两个没有公共点的集合，而且 $M \sim M'$ 以及 $N \sim N'$，则我们已经看到有

$$(M, N) \sim (M', N')。$$

所以，(M, N) 的基数只依赖于基数 $\overline{\overline{M}} = a$ 和 $\overline{\overline{N}} = b$。

这就引导到 a 和 b 的和之定义。我们记为

$$a+b=\overline{\overline{(M,N)}},\qquad(1)$$

因为在势的概念中已经把元素的次序抽象掉了，所以我们立即得知

$$a+b=b+a;\qquad(2)$$

而对任意三个基数 a,b 和 c，我们有

$$a+(b+c)=(a+b)+c。\qquad(3)$$

我们现在讲到乘法。可以设想把任意一个集合 M 的一个元素 m 和另一个集合 N 的任意一个元素 n 捆绑在一起而形成一个新的元素 (m,n)；我们用 $(M\cdot N)$ 来记所有这些捆绑在一起的 (m,n) 之集合，并且称之为"M 和 N 的**捆绑集合**($Verbindungsmenge$)"。这样就有

$$(M\cdot N)=\{(m,n)\}。\qquad(4)$$

我们将看到，$(M\cdot N)$ 的势只依赖于势 $\overline{\overline{M}}=a$ 和 $\overline{\overline{N}}=b$；因为如果我们分别用与集合 M 和 N 等价的集合

$$M'=\{m\}\ \text{和}\ N'=\{n'\}$$

来代替 M 和 N，并且认为 m,m' 和 n,n' 均为对应的元素，于是，只要认为元素 (m,n) 与元素 (m',n') 是对应的元素，则

$$(M'\cdot N')=\{(m',n')\}$$

就与 $(M\cdot N)$ 有了 biunivocal 的对应关系。于是

$$(M'\cdot N')\sim(M\cdot N)\qquad(5)$$

现在我们用下式来定义两个基数 a 和 b 的乘积 $a\cdot b$：

$$a\cdot b=\overline{\overline{(M\cdot N)}}。\qquad(6)$$

[486]　一个具有基数 $a\cdot b$ 的集合可以由两个基数分别为 a 和 b 的集合 M 和 N 按照以下的法则构建出来：我们从集合 N 开始，并且对应于每一个元素 n 代以一个集合 $M_n\sim M$；然后把所有这些集合合并为一个整体 S，我们将会看到

$$S\sim(M\cdot N),\qquad(7)$$

从而

$$\overline{\overline{S}}=a\cdot b。$$

这是因为如果在两个按照一定的对应规则互为等价的集合 M 和 M_n 中，我们记 M 的元素为 m，而与之对应的 M_n 的元素为 m_n，则在集合 $(M_n\cdot N)$ 中将 M 换成 M_n 以后，由 (5) 式应该有 $(M_n\cdot N)\sim(M\cdot N)$。把这些对于不同

的 n 的 M_n 合并为一个整体 S 后,我们就会得到(7)[1]以及

$$S = \{m_n\}。 \tag{8}$$

再由(6)式就有 $\overline{\overline{S}} = a \cdot b$。这样,如果把 m_n 和 (m,n) 看成对应的元素,就知道集合 S 和 $(M_n \cdot N)$ 可以看成有 biunivocal 的关系。

由 a 和 b 的乘积之定义,立即可以得到以下的几个定理:

$$a \cdot b = b \cdot a, \tag{9}$$

$$a \cdot (b \cdot c) = (a \cdot b) \cdot c, \tag{10}$$

$$a \cdot (b+c) = a \cdot b + a \cdot c; [2] \tag{11}$$

这是因为

$$(M \cdot N) \sim (N \cdot M),$$

$$(M \cdot (N \cdot P)) \sim ((M \cdot N) \cdot P),$$

$$(M \cdot (N,P)) \sim ((M \cdot N),(M \cdot P))。$$

所以,势的加法和乘法服从交换律结合律和分配律。

§4
势的指数

所谓"用集合 M 的元素来**覆盖**集合 N",或者比较简单一些就说"用 M **覆盖** N",就说按照一个法则对集合 N 的每一个元素 n 都能联系上 M 的一个确定的元素,这里 M 的同一个元素可以多次被用上。与 n 相联系的 M 的元素在一定意义上是 n 的一个单值函数,而且可以记为 $f(n)$;它就叫作"n 的**覆盖函数**"。$f(N)$ 就叫作 N 的相应的**覆盖**。

[487] 我们说两个覆盖 $f_1(N)$ 和 $f_2(N)$ 是相等的,当且仅当对于 N 的所有元素 n 都有

$$f_1(n) = f_2(n) \tag{1}$$

---

① 对于原文(7)(8)两式的说明我作了一些文字上的修改。——中译者注

② 此式原书误为 $a(b+c) = ab+ac$。因为由定义已经知道(＊·＊)表示乘法,而(＊,＊)表示加法。从下面关于分配律的第三个式子也可以看见应该作相应的改正。——中译者注

成立,所以如果这个方程对于哪怕一个元素 $n = n_0$ 不成立,$f_1(N)$ 和 $f_2(N)$ 也将被认为是不同的。例如,如果 m_0 是 M 的一个特定的元素,而我们可以对于一切 n 都设定

$$f(n) = m_0;$$

这个法则就构成了一个特定的 M 对 N 的覆盖 N。如果 m_0 和 m_1 是 M 的两个特定的不同元素,而 n_0 是 N 的一个特定的元素,而我们对于 n_0 和 n_0 以外的一切 n 又分别设定

$$f(n_0) = m_0$$

$$f(n) = m_1。$$

这样我们就得到了另一类覆盖。

M 对于 N 的不同的覆盖之全体构成了一个以 $f(N)$ 为元素的集合,称之为"**用 M 覆盖 N 的覆盖集合**"($Belegungsmenge$),我们记之为 $(N|M)$。于是

$$(M|N) = \{f(N)\} \tag{2}$$

如果 $M \sim M'$ 以及 $N \sim N'$,我们很容易得到

$$(N|M) \sim (N'|M') \tag{3}$$

这样,$(N|M)$ 的基数只依赖于基数 $\overline{\overline{M}} = a$ 和 $\overline{\overline{N}} = b$;这一点可以用于定义 a^b 如下:

$$a^b = \overline{\overline{(N|M)}}。 \tag{4}$$

对于任意三个集合 M, N, P,我们很容易证明下面几个定理:

$$((N|M) \cdot (P|M)) \sim ((N \cdot P)|M), \tag{5}$$

$$((P|M) \cdot (P|N)) \sim (P|(M \cdot N)), \tag{6}$$

$$(P|(N|P)) \sim ((P \cdot N)|M), \tag{7}$$

由此,如果我们令 $\overline{\overline{P}} = c$,则由(4)和§3,对于任意三个基数 a, b, c,我们就有以下几个定理:

$$a^b \cdot a^c = a^{b+c}, \tag{8}$$

$$a^c \cdot b^c = (a \cdot b)^c, \tag{9}$$

$$(a^b)^c = a^{b \cdot c}. \tag{10}$$

[488] 从下面的例子就可以看到把这些简单的公式推广到势将是多么富有成果和影响深远。如果我们记线性连续统 X(就是满足条件 $x \geqslant 1$

和 $x \leqslant 1$ 的全体 x)的势为 $\mathfrak{o}$,我们将很容易看到许多结果,其中就有公式

$$\mathfrak{o} = 2^{\aleph_0}, \qquad (11)$$

$\aleph_0$ 的含义将在 §6 给出。事实上,由(4)式即知,$2^{\aleph}$ 就是数 x 的二进制表示式

$$x = \frac{f(1)}{2} + \frac{f(2)}{2^2} + \cdots + \frac{f(\nu)}{2^\nu} + \cdots \qquad (12)$$

$$\text{(其中 } f(\nu) = 0 \text{ 或 } 1\text{)}。$$

的势。如果我们注意到这样的事实,即每一个 x 只有一个这样的表示,除了 $x = \dfrac{2\nu+1}{2^\mu} < 1$ 有两个二进表示。用 $\{s_\nu\}$ 来表示这类数的"可数的"整体,我们有

$$2^{\aleph_0} = \overline{\overline{(\{s_\nu\}, X)}}。$$

如果我们从 X 除掉任意"可数的"集合 $\{t_\nu\}$ 并记其余下的部分为 X_1,我们将有

$$X = (\{t_\nu\}, X_1) = (\{t_{2\nu-1}\}, \{t_{2\nu}\}, X_1),$$

$$(\{s_\nu\}, X) = (\{s_\nu\}, \{t_\nu\}, X_1),$$

$$\{t_{2\nu-1}\} \sim \{s_\nu\}, \{t_{2\nu}\} \sim \{t_\nu\}, X_1 \sim X_1;$$

$$X \sim (\{s_\nu\}, X),$$

这样就有(§1)

$$2^{\aleph_0} = \overline{\overline{X}} = \mathfrak{o}。$$

求(11)式的平方即有(利用 §6 (6))

$$\mathfrak{o} \cdot \mathfrak{o} = 2^{\aleph_0} \cdot 2^{\aleph_0} = 2^{\aleph_0 + \aleph_0} = 2^{\aleph_0} = \mathfrak{o}。$$

所以,在不断作乘法、则对任意有穷基数 ν 有

$$\mathfrak{o}^\nu = \mathfrak{o}。 \qquad (13)$$

如果我们求(11)式的 $\aleph_0$ 次幂[①]就会得到

———————

① [在英文中势与幂是同一个字 power,所以有些混淆。]

这里的原文是康托的原文,所以脚注应该是康托的原文。但是有些脚注放在[ ]里,而从文意上看,应该都是茹尔丹的注释,所以本文中有些脚注放在[ ]里,疑为茹尔丹写的注释,而中译者的注释则专门另加注明。又请参看"第二篇论文" §18 开始处关于 power 一字译法的脚注。——中译者注

$$\mho^{\aleph_0} = (2^{\aleph_0})^{\aleph_0} = 2^{\aleph_0 \cdot \aleph_0} 。$$

但是因为由 §6(8) 式我们有 $\aleph_0 \cdot \aleph_0 = \aleph_0$，所以就有

$$\mho^{\aleph_0} = \mho 。 \tag{14}$$

(13) 和 (14) 两式意味着 ν 维和 $\aleph_0$ 维的连续统和 1 维连续统有相同的势。所以我在 *Crelle's Journal*, vol. lxxxiv, 1878[①] 的论文的全部内容、只需要很简单的几笔就可以纯代数地从基数运算的基本公式导出。

[489]

§5
有穷基数

现在就来讲述我们已经建立起来的基础，并在此基础上后面我们将借以建立实无穷也就是超穷基数的理论。我们想来讲一讲怎样用它来给出有穷数理论的最自然、最简洁、又最严格的基础。

如果我们把单个事物 e_0 也归入集合的概念，即认为有 $E_0 = (e_0)$，则它将有一个基数，而我们称此基数为"壹"并用 1 来表示这个基数，所以我们有

$$1 = \overline{\overline{E_0}} 。 \tag{1}$$

现在我们把另一个事物 e_1 也归并到 E_0 中，并记其并集为 E_1，就是说我们有

$$E_1 = (E_0, e_1) = (e_0, e_1) 。 \tag{2}$$

E_1 的基数称为"**贰**"，记作 2：

$$2 = \overline{\overline{E_1}} 。 \tag{3}$$

通过添加新的元素我们就得到一个集合的序列：

$$E_2 = (E_1, e_2) , \quad E_3 = (E_2, e_3) , \cdots ,$$

它依次给出其他所谓"**有穷基数**"3, 4, 5, …… 的无尽的序列。采用这些

---

① ［请参看导读的 V。］

数字作为下标是有正当理由的,因为一个数只在作为基数时才可以用为下标。所以,如果我们有把 $\nu-1$ 理解为此序列中紧靠在 ν 的前面的数,我们就有

$$\nu=\overline{\overline{E_{\nu-1}}}, \tag{4}$$

$$E_\nu=(E_{\nu-1},e_\nu)=(e_0,e_1,\cdots,e_\nu)。 \tag{5}$$

由 §3 中给出的和的定义就有

$$\overline{\overline{E_\nu}}=\overline{\overline{E_{\nu-1}}}+1; \tag{6}$$

就是说每一个基数除 1 以外,都是紧靠在它前面的那个基数与 1 之和。

至此,以下五个定理就出现在我们眼前等待证明:

A. 无穷的有穷基数序列

$$1,2,3,\cdots,\nu,\cdots$$

各项完全不同,就是说,§1 中所确立的集合的等价条件对于这些基数相应的集合不能成立。

[490] B. 这些数 ν 的每一个都大于其前面的所有数,而小于其后的所有数。(见 §2)

C. 两个相继的数 ν 和 $\nu+1$ 之间不存在其他数。(见 §2)

这些定理的证明以下述两个定理 D 和 E 的证明为基础。所以我们在下面就来给出这两个定理严格的证明。

D. 如果集合 M 不与其自己的任意子集合等势,则由 M 添加单个新元素 e 而得的集合 (M,e) 也具有这个性质,即不与其自己的任意子集合等势。

E. 如果 N 是一个具有有穷基数 ν 的集合,而 N_1 是 N 的任意子集合,则 N_1 的基数是前面的数 $1,2,3,\cdots,\nu-1$ 中的一个。

D 的证明。 设集合 (M,e) 等价于其子集合(记为 N)。下面我们要区分两种情况,但它们都会导致矛盾:

(a) 集合 N 以 e 为其元素;令 $N=(M_1,e)$,则由于 N 是 (M,e) 的子集合,所以 M_1 也是 M 的子集合。正如我们在 §1 中已经看到的那样,可以适当地修改两个等价集合 (M,e) 和 (M_1,e),使得一个集合中的元素 e 对应于另一个集合中的元素 e;由此,M 可以和 M_1 有 biunivocal 的关系。但是这与 M 不与其自己的子集合 M_1 等价相矛盾。

(b) (M,e) 的部分集合 N 不以 e 为元素,所以 N 或者就是 M,或者是 M 的一个子集合。(M,e) 和 N 间的对应规则是我们的假设基础,所以对于 (M,e) 的元素 e 应有 N 的元素 f 相对应。令 $N=(M_1,f)$,则集合 M 与 M_1 间应有一个相互的、意义明确的关系。但是 M_1 是 N 的子集合,从而也就是 M 的一个子集合。所以,这里也有了 M 与其一个子集合的等价,这又是与定理 D 中的假设相矛盾的。

E 的证明。我们假设定理对某个 ν 都成立,然后就可以如下面那样来证明此定理对于数 $\nu+1$ 也成立:我们从具有基数 $\nu+1$ 的集合 $E_\nu=(e_0,e_1,\cdots,e_\nu)$ 开始。如果定理 E 对这个集合为真,则由 §1,它对于所有具有同样基数 $\nu+1$ 的集合也为真。令 E' 为 E_ν 的任意子集合,我们又可以区分以下的几个情况:

(a) E' 不包含 e_ν 元素,则 E 或者就是 $E_{\nu-1}$,或者是 $E_{\nu-1}$ 的一个子集合。所以其基数或者就是 ν,或者是数 $1,2,3,\cdots,\nu-1$ 中的某一个,因为我们已经假设了此定理对于具有基数 ν 的集合 $E_{\nu-1}$ 成立。

(b) E' 只由单个元素 e_ν 构成,这时 $\overline{\overline{E'}}=1$。

(c) E' 由 e_ν 和一个子集合 E'' 构成,即 $E'=(E'',e_\nu)$。这样,E'' 作为 E' 的一个子集合,由假设知,应以数 $1,2,3,\cdots,\nu-1$ 中之一为基数。但是现在 $\overline{\overline{E'}}=\overline{\overline{E''}}+1$,所以 E' 的基数应为 $2,3,\cdots,\nu$ 中的一个。

A 的证明。我们记作 E_ν 的每一个集合都具有如下的性质:即不等价于其任意的子集合。因为如果我们只假设到某个 ν 为止的 E_ν 具有这样的性质,则由定理 D,紧接着的下一个数 $\nu+1$ 也有这个性质。对于 $\nu=1$,我们马上就可以看出情况确实如此。因为 $E_1=(e_0,e_1)$ 确实不等价于它的两个子集合 (e_0) 和 (e_1)。现在考虑序列 $1,2,3,\cdots$ 中的任意两个数 μ 和 ν,而 μ 在前 ν 在后,则 $E_{\mu-1}$ 是 $E_{\nu-1}$ 的子集合。这样,$E_{\mu-1}$ 和 $E_{\nu-1}$ 是不等价的,所以它们的基数 $\mu=\overline{\overline{E_{\mu-1}}}$ 和 $\nu=\overline{\overline{E_{\nu-1}}}$ 不相等。

B 的证明。如果在两个基数 μ 和 ν 中 μ 在前 ν 在后,这时就可以证明 $\mu<\nu$ 。因为对于两个集合 $M=E_{\mu-1}$ 和 $N=E_{\nu-1}$,§2 中给出的关于 $\overline{\overline{M}}<\overline{\overline{N}}$ 的两个条件 (a) 和 (b) 都是成立的。

(a) 之成立是因为由定理 E,$M=E_{\mu-1}$ 只能以数 $1,2,3,\cdots,\mu-1$ 中的一

个为基数;所以由定理 A,它不可能等价于集合 $N=E_{\nu-1}$。

(b)之所以成立是因为 M 本身就是 N 的一个子集合。

C 的证明。令 a 为一个小于 $\nu+1$ 的基数。由于 §2 中给出的条件 (b),E_{ν} 必有一个基数为 a 的子集合。由定理 E,E_{ν} 的子集合的基数只可能是 $1,2,3,\cdots,\nu$ 之一。所以,a 必定等于基数 $1,2,3,\cdots,\nu$ 之一。由定理 B,这些基数都不会大于 ν。所以,不存在一个小于 $\nu+1$ 而大于 ν 的基数 a。

下面的定理对于以后是很重要的:

F. 如果 K 是一个由不同基数构成的集合,则在这些基数中必有一个 κ_1 小于其他基数,从而是最小的。

[492]**证明**:集合 K 要么包含数 1,这时 $\kappa_1=1$ 就是最小的。要么 K 不包含数 1。

在后一情况,令 J 为我们的序列 $1,2,3,\cdots$ 中所有小于出现在 K 中的基数的那些基数之集合。如果有一个数 ν 属于 J,则所有小于 ν 的数也都属于 J。但是 J 中必有一个元素 ν_1 使得 ν_1+1 及所有的更大的数都不属于 J,这是因为如果不如此的话,J 就将要包含所有的有穷数,但是属于 K 的那些数显然不在 J 中。所以 J 就是**区段**(Abschnitt) $(1,2,3,\cdots,\nu_1)$。数 $\nu_1+1=\kappa_1$ 一定是 K 的一个元素 而且小于 K 的其他元素。

从 F 我们就可以得到:

G. 每一个由不同的有穷基数构成的集合 $K=\{\kappa\}$ 都可以写成一个序列的形式

$$K=(\kappa_1,\kappa_2,\kappa_3,\cdots,)$$

其中

$$\kappa_1<\kappa_2<\kappa_3,\cdots。$$

§6
最小的超穷基数阿列夫零

具有有穷基数的集合称为"有穷集合",而所有的其他集合我们则称为"超穷集合",其基数则称为"超穷基数"。

有穷基数 ν 的全体给出了超穷集合的第一个例子;我们称其基数为**"阿列夫零"**(Aleph-zero)——或者阿列夫 0,记号为 $\aleph_0$;这样我们定义

$$\aleph_0 = \overline{\overline{\{\nu\}}}。 \tag{1}$$

$\aleph_0$ 是一个超穷数,就是说它不等于任意有穷数,这一点可以从一个简单的事实看出来,这个事实就是:如果集合 $\{\nu\}$ 添加一个新数 e_0,则并集合 $(\{\nu\}, e_0)$ 等价于原集合 $\{\nu\}$,因为我们可以想象在两个集合间的相互的含义明确的对应关系:我们让前一个集合的元素 e_0 对应于第二个集合中的 1,让前一个集合的元素 ν 对应于后一个元素 $\nu+1$。这样,由 §3,我们就有

$$\aleph_0 + 1 = \aleph_0。 \tag{2}$$

但是,我们在 §5 中已经证明了任意有穷数 $\mu+1$ 总是不等于 μ 的,所以 $\aleph_0$ 不可能等于任意有穷数 μ。

还可以证明数 $\aleph_0$ 大于任意有穷数 μ:

$$\aleph_0 > \mu。 \tag{3}$$

[493] 只要注意到在 §3 中的三个事实即可得到证明:

第一,$\mu = \overline{\overline{(1,2,3,\cdots,\mu)}}$;

第二,$(1,2,3,\cdots,\mu)$ 的任意子集合都不等价于集合 $\{\nu\}$;

第三,$(1,2,3,\cdots,\mu)$ 本身就是 $\{\nu\}$ 的一个子集合。

另一方面,$\aleph_0$ 又是最小的超穷基数。如果 a 是不同于 $\aleph_0$ 的任意超穷基数,可以证明

$$\aleph_0 < a。 \tag{4}$$

这一点又有赖于下面几个定理:

A. 每一个超穷集合 T 都有基数为 $\aleph_0$ 的子集合。

证明:如果我们已经按任意规则取走了个数有穷的元素 $t_1, t_2, \cdots, t_{\nu-1}$,总还有可能再从所余元素中取走另一个元素 t_ν。用我们刚才得到的那个 t_ν 的编号 ν,就可以作出任意的集合 $\{t_\nu\}$,但因 $\{t_\nu\} \sim \{\nu\}$,所以集合 $\{t_\nu\}$ 的基数为 $\aleph_0$(§1)。

B. 如果 S 是一个基数为 $\aleph_0$ 的超穷集合,而 S_1 又是 S 的任意超穷子集合,则 $\overline{\overline{S_1}} = \aleph_0$。

证明:我们已经假设了 $S \sim \{\nu\}$，选择这两个集合之间的一个对应规则,并用 s_ν 记 S 在此规则下与后一集合 $\{\nu\}$ 中的相对应的元素,所以

$$S = \{s_\nu\}。$$

S 的子集合 S_1 由 S 的某些元素 s_κ 构成,而这些数的下标 κ 的全体则是集合 $\{\nu\}$ 的一个超穷子集合 K。根据 §5 的定理 G,这个集合 K 可以化成一个序列

$$K = \{\kappa_\nu\},$$

其各项满足关系式

$$\kappa_\nu < \kappa_{\nu+1};$$

所以,我们就有

$$S_1 = \{s_{\kappa_\nu}\}。$$

由此可知 $S_1 \sim S$, 因此,$\overline{\overline{S_1}} = \aleph_0$。

如果再考虑到 §5,就可以得到(4)式。

对(2)式的双方各加上 1,就有

$$\aleph_0 + 2 = \aleph_0 + 1 = \aleph_0,$$

反复应用此式,就有

$$\aleph_0 + \nu = \aleph_0。 \tag{5}$$

我们还有

$$\aleph_0 + \aleph_0 = \aleph_0。 \tag{6}$$

[494] 其证明如下,由 §3 的(1)式,$\aleph_0 + \aleph_0$ 是 $\overline{\overline{(\{a_\nu\}, \{b_\nu\})}}$,而因为

$$\overline{\overline{\{a_\nu\}}} = \overline{\overline{\{b_\nu\}}} = \aleph_0,$$

所以 $\aleph_0 + \aleph_0$ 等于 $\overline{\overline{(\{a_\nu\}, \{b_\nu\})}}$。现在显然有

$$\{\nu\} = (\{2\nu-1\}, \{2\nu\}),$$

$$(\{2\nu-1\}, \{2\nu\}) \sim (\{a_\nu\}, \{b_\nu\}),$$

所以有

$$\overline{\overline{(\{a_\nu\}, \{b_\nu\})}} = \overline{\overline{\{\nu\}}} = \aleph_0。$$

综合以上各式,就可以得到(6)式。

等式(6)也可以写成

$$\aleph_0 \cdot 2 = \aleph_0;$$

如果对上式双方反复加上 $\aleph_0$ 又有

$$\aleph_0 \cdot \nu = \nu \cdot \aleph_0 = \aleph_0 。 \tag{7}$$

我们还可以证明

$$\aleph_0 \cdot \aleph_0 = \aleph_0 。 \tag{8}$$

证明：根据 §3 的 (6) 式，$\aleph_0 \cdot \aleph_0$ 是捆绑集合

$$\{(\mu, \nu)\}$$

的基数，这里 μ 和 ν 是互相独立的有穷基数。如果 λ 也代表一个任意的有穷基数，则 $\{\lambda\}, \{\mu\}, \{\nu\}$ 是同一个集合，即所有有穷数的集合，只不过用了不同的记号。我们要证明

$$\{(\mu, \nu)\} \sim \{\lambda\} 。$$

我们记 $\mu+\nu$ 为 ρ：则 ρ 可以取 $2, 3, 4, \cdots$ 一切值，而适合条件 $\mu+\nu=\rho$ 的一切元素 (μ, ν) 共有 $\rho-1$ 个如下：

$$(1, \rho-1), (2, \rho-2), \cdots, (\rho-1, 1) 。$$

这个序列中首先放置了 $\rho=2$ 时的一个元素 $(1,1)$，然后放上相应于 $\rho=3$ 时的两个元素，然后再放上相应于 $\rho=4$ 时的三个元素，如此等等。这样我们就将所有的元素 (μ, ν) 排成了一个简单序列：

$$(1,1) ; (1,2) 。 (2,1) ; (1,3) 。 (2,2), (3,1) ; (1,4), (2,3), \cdots$$

在此，我们容易看到元素 (μ, ν) 出现在第 λ 个位置上，而

$$\lambda = \mu + \frac{(\mu+\nu-1)(\mu+\nu-2)}{2} 。 \tag{9}$$

变量 λ 可取数值 $1, 2, 3, \cdots$ 中的每个数值仅仅一次。从而我们看到，两个集合 $\{\nu\}$ 和 $\{(\mu, \nu)\}$ 凭借 (9) 式实现了 biunivocal 关系。

[495] 如果用 $\aleph_0$ 去遍乘 (8) 式双方，我们就会得到 $\aleph_0^3 = \aleph_0^2 = \aleph_0$，如果用 $\aleph_0$ 反复去乘，我们就会得到一个对于每一个有穷基数 ν 都成立的式子

$$\aleph_0^\nu = \aleph_0 \tag{10}$$

从 §5 的定理 E 和 A 将导出下面的关于有穷集合的定理：

C. 每一个有穷集合 E 都不能等价于自己的子集合。

这个定理与下面的关于超穷集合的定理形成鲜明的对立：

D. 每一个超穷集合 T 都有一个与之等价的子集合 T_1。

证明：由本节的定理 A 可知 T 有一个基数为 $\aleph_0$ 的子集合 $S=\{t_\nu\}$。令 $T=(S,U)$，而 U 是由 T 中不同于 t_ν 的元素构成。现在令 $S_1=\{t_{\nu+1}\}$，$T_1=(S_1,U)$，则 T_1 是 T 的一个子集合，而这个子集合是由在 T 中删除单个元素 t_1 而得的。因为由本节的定理 B 有 $S\sim S_1$，同时又有 $U\sim U$，所以由 §1 我们有 $T\sim T_1$。

我在 1877 年讲到的，(1878 年发表于 *Crelle's Journal*, vol. lxxxiv, pp. 2421) 在定理 C 和 D 中，有穷和超穷集合之间的基本区别再清楚不过地表现出来了。

现在我们已经引入了最小的超穷基数 $\aleph_0$，已经讲了它的最易掌握的性质，这就产生了更高的基数以及它们如何从 $\aleph_0$ 产生出来的问题。我们将要说明超穷基数可以按照其大小排列，而且在此次序下和有穷数一样构成一个"良序集合"，不过这里要按更广的意义来了解这个词。在 $\aleph_0$ 以后按照一定的规律产生第二大的基数 $\aleph_1$，再往后，按同样的规律又有 $\aleph_2$，仿此往下可以继续进行。但是即使没有限制的基数序列

$$\aleph_0, \aleph_1, \aleph_2, \cdots, \aleph_\nu, \cdots$$

也不能穷尽超穷基数的概念。我们要证明有一个记为 $\aleph_\omega$ 的基数存在，而且对于所有的 $\aleph_\nu$ 都有下一个更大的超穷基数；再往下，如同 $\aleph$ 后面有 $\aleph_1$ 一样还有下一个更大的 $\aleph_{\omega+1}$，如此一直向前而不终止。

[496] 每一个超穷基数 a 都可以按照一个"**一元的**"(unitary) 规律得到下一个更大的超穷基数，而每一个超穷基数的无限上升的良序集合 $\{a\}$ 也按一元的规律得到下一个更大的良序集合。

这个事实是我在 1882 年发现的，并且发表在一本小书 *Grundlagen einer allgemeinen Mannichfaltigkeitslehre* (Leipzig, 1883) 中，同时也发表在 *Mathematische Annalen* vol. xxi 中[①]，为了详细地论证这些问题，我们要用到所谓的"**序型**"(ordinal type) 概念，以下几节里我们就来介绍这个理论。

———————

① 康托的原文说他要说明超穷基数可以排成一个良序集合。但是他并没有这样去做，而是引用了一篇重要文献。在英文导读的 Ⅶ 中详细地介绍了这些文献发表的情况，而且在全书中，我们都简称此文（或此书）为《基础》。康托实际上做的事情是引入了序型理论，而这是下一节的内容。——中译者注

§7
单向有序集合的序型

我们称一个集合 M 为"**单向有序集合**"如果有一个确定的"**等级次序**"或"**优先权次序**"(order of precedence,德文是 Rangordnung)的规则管控着它的元素 m,使得任意两个元素 m_1 和 m_2 中必有一个处于**较高的等级**(higher rank),而另一个处于**较低的等级**(lower rank);而在三个元素 m_1, m_2 和 m_3 中,如果有 m_1 比较 m_2 是处于较低的等级,而 m_2 比较 m_3 又处于较低的等级,则 m_1 比较 m_3 也处于较低的等级。

如果两个元素 m_1 和 m_2 在给定的等级次序下 m_1 处于较低的等级,而 m_2 处于较高的等级,这样的等级次序就记作

$$m_1 < m_2, \text{或} m_2 > m_1。 \tag{1}$$

例如,定义在直线上的每一个集合 P,只要对其上任意两点 p_1 和 p_2,坐标(假设已经确定了原点的位置和正向)较小者规定为具有较低的等级,就是单向有序集合。

很显然,同一个集合可以按照不相同的规则实现"单向有序"的。例如,所有大于 0 而小于 1 的有理数 $\dfrac{p}{q}$(这里 p 和 q 是互素的整数)就可以按不同的次序构成单向有序集合:首先可以按照其大小规定为"自然的次序";然后可以这样来排列它们:对于两个有理数 $\dfrac{p_1}{q_1}$ 和 $\dfrac{p_2}{q_2}$,如果 $p_1 + q_1$ 和 $p_2 + q_2$ 不相等,则和数较小者算是具有较低等级的,而较高者算是具有较高的等级(此集合这样排列后记作 R_0[①])[497]在这样的等级次序下,因

---

① 正有理数集合(再限制小于 1 并无大的影响)的对角线排列,(所谓"对角线排列",在一般的数学分析教材中都有。所以这里不再解释了)就是这里讲的 R_0。这是因为按照对角线次序,凡是往下移动时 q 不变而 p 变大,所以 $p+q$ 变大反按水平方向右移时 p 不变而 q 变大,所以 $p+q$ 同样也变大,沿着斜线动时 $p+q$ 不变。总之我们得到 R_0。——中译者注

为在对角线方向的斜线上同样的 $p+q$ 只会对应于有限多个不同的 $\dfrac{p}{q}$，所以我们的集合 R_0 一定可以写为[这里只取 $(0,1)$ 中分子分母互素的有理数]

$$R_0 = (r_1, r_2, \cdots, r_\nu, \cdots) = \left(\frac{1}{2}, \frac{1}{3}, \frac{1}{4}, \frac{2}{3}, \frac{1}{5}, \frac{1}{6}, \frac{2}{6}, \frac{3}{4}, \cdots\right),$$

而且

$$r_\nu < r_{\nu+1}。$$

于是，此后当讲到一个单向有序集合 M 时，总是认为已经确定了其元素服从的一个上述意义下的确定的等级次序。

也还有双重、三重、n 重乃至 a 重的有向集合，但是我们现在不考虑它们。所以下面我们总用一个比较简短的说法"有序集合"来表示一个"单向有序集合"。

每一个有序集合 M 都有一个确定的"序型"（ordinal type），或者简单一点就说是一个确定的"型"（type），并且记作

$$\overrightarrow{M}。 \tag{2}$$

所谓的"型"（或"序型"）是一个关于 M 的一般概念，它是从仅仅抽象掉其元素 m 的本性但是保持这些元素之间的等级次序而得到的。所以序型 $\overrightarrow{M}$ 本身也就是一个有序集合，其元素为一些单元，但是其各个元素之间保持了它们在 M 的对应元素在 M 中本来就有的等级次序，序型就是由此抽象出来的。

设有两个有序集合 M 与 N，如果可以在它们之间建立一个双向含义明确的对应关系，使得若对 M 的任意两个元素 m_1 和 m_2 在 N 中有对应元素 n_1 和 n_2，而且 m_1 和 m_2 的次序等级和对应元素 n_1 和 n_2 的次序等级是相同的，就说 M 和 N 是"相似的"（ähmlich）。相似集合之间的对应关系我们称为它们之间的"映射"（Abbildung）。在这样一个映射下，M 的子集合 M_1（它当然也是一个有序集合）对应于 N 的一个相似的子集合 N_1。

两个有序集合 M 和 N 之间的相似性我们用下面的式子来表示：

$$M \simeq N。 \tag{3}$$

每一个有序集合都相似于它自身。

如果两个有序集合都相似于第三个有序集合,则它们彼此也相似。[498]经过简单的考察就能证明,两个有序集合具有相同的序型当且仅当它们是相似的,所以下面的两个公式

$$\overline{M} = \overline{N} \text{ 和 } M \simeq N \tag{4}$$

可以相互推导。

如果已经有了一个序型 $\overline{M}$,而我们对它再进行一次抽象,即把它的各个元素的等级次序也抽象掉,则我们会得到有序集合 M 的基数 $\overline{\overline{M}}$(见 §1),而它同时也就是序型 $\overline{M}$ 的基数。由 $\overline{M} = \overline{N}$ 恒有 $\overline{\overline{M}} = \overline{\overline{N}}$,也就是说同型的有序集合恒有相同的势,亦即相同的基数;即由有序集合的相似性可以得到其等价性。另一方面,两个等价集合却不一定相似。

以下,我们总用小写希腊字母来记序型。如果 α 是一个序型,

$$\overline{\alpha} \tag{5}$$

总理解为其相应的基数。

有穷的有序集合没有什么意思。因为我们很容易看到所有具有相同的有穷基数 ν 的单向有序集合都是相似的,所以具有相同的型。这样,有穷的简单的序型虽然和有穷基数在概念上不同,却服从同样的法则,从而可以用 $1, 2, 3, \cdots, \nu, \cdots$ 这种同样的记号来表示。对于超穷序型,情况就大不相同了:因为有不可数多个不同的单向有序集合具有同样的基数,这些不同的单向有序集合构成一个特殊的"**型的类**"(*Typenclasse*)。同一个型的类中所有的型都具有同样的超穷基数,所以这一个型的类是由同样的超穷基数 a 决定的。所以我们把这个类简记为 $[a]$,那个最先引起我们兴趣的型的类自然就是 $[\aleph_0]$,即具有最小超穷基数 $\aleph_0$ 的型的类,对它的彻底研究必然是超穷集合理论下的一个特别专题。我们要把 $[a]$ 和反过来由这个型的类**决定**的基数 a' 区分开来。[499]后者是

[a] 所具有的基数,就是说它代表一个适当定义(well-defined)的集合,[①] 其元素是所有具有基数 a 的序型 α(见 §1),我们将会看到 a' 是和 a 不同的,而且总是更大一些。

如果在一个有序集合 M 中将元素的所有次序等级关系都颠倒过来,使得"较低的等级"变成"较高的等级",而"较高的等级"则变成"较低的等级",我们就会得到另一个有序集合,称为 M 的逆,并记作

$$^{*}M \tag{6}$$

我们记 $^{*}M$ 的序型为

$$^{*}\alpha \tag{7}$$

这里 $\alpha=\overline{M}$。也可能发生这样的情况,即 $\alpha=\,^{*}\alpha$,例如,有穷型的情况,以及所有大于 0 而小于 1 的按其自然的等级顺序排列的有理数的集合。我们将用记号 η 来记它。

我们要进一步指出,两个相似的有序集合可以以一种或多种方式互相映射;在第一种情况下,它们的型仅仅以一种方式相似于其自身,而在第二种情况下则以多种方式相似于其自身。哪些型仅仅以一种方式相似于其自身呢?这里不仅有所有的有限的型,还有我们下面即将研究的超穷"良序集合"也只允许一种方式映射到其自身。这时我们将称这样的型为超穷"**序数**"(ordinal numbers)。但是另一方面,型 η 可以无穷多种方式映射到其自身。

我们将用两个例子来把这里的区别说清楚。我们把 ω 理解为良序集合

$$(e_1,e_2,\cdots,e_\nu,\cdots)$$

的型。这里

---

① 关于"**适当定义**"集合的讨论其实早在 1882 年前康托开始讨论关于**势**和**可数性**等基本概念的含义(见他的《论无穷线性点集合 Ⅲ》)时就已经有涉及。关于何谓适当定义集合,可以参考导读 V 在 51 页脚注①附近的那一段。总之,康托的思想是:说某种"对象"的一个集合之定义是"适当的",就在于抛弃这些对象的外在的(更不说是文字上的、符号上的)特性,而从逻辑的角度来考虑,并抽象出其合乎逻辑的"内蕴的"本性,要求抽象出来的这些本性,符合同一律和排中律的要求,不允许有矛盾等,这样的定义才是"适当的"。康托认为一个事物只有在符合这样的逻辑要求时才是真正存在的。这一些思想在导读的 V 和 Ⅵ 中都解释得非常清楚。请读者把那里的讨论与现在的讨论比较一下。——中译者注

$$e_\nu < e_{\nu+1},$$

而表示所有的有穷基数。另一个良序集合是

$$(f_1, f_2, \cdots, f_\nu, \cdots),$$

而且有

$$f_\nu < f_{\nu+1},$$

显然也有同样的型 ω，它显然只能以这样的方式，即令 e_ν 和 f_ν 为相应元素映射至前一个良序集合。对于第一个有序集合的等级最低的元素 e_1 在映射过程中必定要与第二个有序集合的等级最低的元素 f_1 相对应，而紧跟着 e_1 的等级为 e_2 的元素，必定要对应于第二个有序集合中紧接着 f_1 的元素即 f_2。以下类推。[500] 两个等价集合 $\{e_\nu\}$ 和 $\{f_\nu\}$ 的其他的 biunivocal 对应都不可能是我们在讲述型的理论时所确定的那种意义下的 "映射"。

另一方面，取一个形如

$$\{e_\nu\}$$

的有序集合，其中 ν 表示所有正的、负的和零的整数，而且也假设

$$e_\nu < e_{\nu+1}。$$

这个集合既没有等级最低的元素，也没有等级最高的元素。按照将在 §8 中给出的和的定义，它的型是

$$*\omega + \omega。$$

它将以无穷多种方式相似于它自身。这是因为，如果我们再取任意一个同样类型的集合

$$\{f_{\nu'}\},$$

而且其中

$$f_{\nu'} < f_{\nu'+1},$$

这两个有序集合就可以按照下面的方式互为映象：若以 ν'_0 表示数 ν' 中的一个确定的数，则可让第一个有序集合的元素 e_ν 成为第二个有序集合的元素 $f_{\nu'_0+\nu}$ 的映象，而这两个有序集合就得到了一种互为映象的方式，而由于 ν'_0 是任意的，所以它们就有了无穷多种方式互相成为映像。

如果把这里发展起来的"序型"概念以类似的方式移到"多重有向集合"，并且与 §1 中介绍的"基数"，即"势"的概念结合起来，将会包括任

何一种可以想象得到的可以适用于一切事物的可计数(Anzahlmässige)的对象,而且在此意义下这种计数再也不能推广。这里不会包含任意随心所欲的东西,而是数的概念的自然推广。这里特别值得强调的是:(4)式这个判据是序型概念的绝对必然结果,而不能有任何改动。韦罗内塞(G. Veronese)在《集合基础》(*Grundzüge der Geometrie*)一书(德文译文,A,Schepp,Leipzig,1894)中出现的严重错误的主要原因就在于没有看到这一点。

韦罗内塞的这本书的第30页中"**有序群**(ordered group)**的数**(*Anzahl oder Zahl*)"的定义恰好就是我们在《关于超穷数理论》(*Zur Lehre vom Transfiniten*)一书(出版于 Halle,1890,pp. 68-75,又重新收录在 *Zeitschr. für Philos. Und philos. Kritik*,1887 中)所说的"单向有序集合的序型"。[501]但是韦罗内塞觉得他必须在相等性的判据上加上一句话。他在该书的第31页上说:"两个数如果它们所含有的单位彼此唯一地对应,又具有相同的次序,而且其每一个均非另一个的部分也不等于另一个的部分,则这两个数必相等。"①这个相等性的定义包含了一个循环论证,所以是没有意义的。循环何在呢?因为在解释何谓相等时,他用了一句短语:"不等于另一个的部分",加上了这句短语又是什么意思?要回答这个问题,我们必须先知道两个数何时相等,何时不相等。这样,除了他的相等性定义的任意性以外,为了说明何谓相等,他需要先预设了相等性的定义,即在这个定义中又预设了何谓相等和不相等,如此类推直至无穷,这就陷入了循环。到韦罗内塞可以说已经放弃了自己的自由意志以后,他仍然不顾关于数的比较之不可少的基础。在此,我们不必为他毫无章法地操作自己的伪超穷数(pseudo-transfinite numbers)而吃惊。他对这些"数"赋予了它们不可能具有的性质。因为所谓"数",按照他所想象的形式只能存在于纸面上。这样,他的"数"与方登奈尔(Fontenelle)的《无穷的几何》(*Géométrie de l' infini*,Paris,1727)一书中非常荒唐的"无穷数"的

---

① 意大利文原文如下:"Numeri le unita del qwali si correspondono univocamente e nel medisimo ordine e di eui l' uno non è parte o uguale adf una parte dell' altro,sono uguali."中译者对这一段译文作了一些文字修改。——中译者注

惊人的相似就不难理解了。最近,基林(W. Killing)在穆恩斯特学术出版社(Münter Acaddemy)出版的《译文索引》(*Index lectionum*,1895—1896)中表现出了他对于韦罗内塞的书的基础问题表述了令人欢迎的怀疑。[①]

§8
序型的加法和乘法

如果两个集合 M 和 N 都是有序集合,则可以把其并集合 (M,N) 看成一个有序集合,并使 M 的元素彼此间的等级关系不变,而与原来在 M 中的次序一样;N 的元素彼此间的等级关系也不变,也与原来在 N 中的次序一样;并且 M 中的所有元素都比 N 中的所有元素具有较低的等级。如果 M' 和 N' 是另外两个有序集合,而且 $M \simeq M', N \simeq N'$,[502]则 $(M,N) \simeq (M',N')$;所以,(M,N) 的序型只依赖于序型 $\overline{M}=\alpha$ 和 $\overline{N}=\beta$。这样,我们将定义

$$\alpha+\beta = \overline{(M,N)}。 \tag{1}$$

在和 $\alpha+\beta$ 中,我们称 α 为"被加数"[②](augend),而称 β 为"加数"(ad-dend)。

对于任意三个型 α,β 和 γ,我们很容易证明结合律成立:

$$\alpha+(\beta+\gamma) = (\alpha+\beta)+\gamma。 \tag{2}$$

但是另一方面,对于型的加法、交换律一般并不成立。从下面的简单例子就可以看到这一点。

如果 ω 是在 §7 中已经提到的良序集合

$$E=(e_1,e_2,\cdots,e_\nu,\cdots),e_\nu<e_{\nu+1},$$

---

① [Veronese 在 Math. Ann.,vol. xlvii,1897,pp. 423-432 对此作了回答。又见 Killing,ibid vol. xlviii,1897,pp. 425-432。]

② augend 一字现在在数学中已经不常用了(但是可能在计算机行业中有时还用),这是因为通常的加法满足交换律,所以没有必要区分加数和被加数,而在英文中例如可以共用 summand 一词。至于说到"数",完全是习惯用法,因为现在参与加法运算的都已经不是数了,而可能是 enumerals、基数(注意基数并不是数)、序型等。交换律一般也不成立。——中译者注

的型,则$1+\omega$不等于$\omega+1$。因为,如果f是E的一个新元素,则由(1)式我们有:

$$1+\omega = \overline{(f,E)},$$
$$\omega+1 = \overline{(E,f)}。$$

但是集合

$$(f,E) = (f,e_1,e_2,\cdots,e_\nu,\cdots)$$

与集合E相似,所以

$$1+\omega = \omega。$$

反过来看,集合E与集合(E,f)不可能相似,因为前者没有等级最高的项,而后者则有等级最高的项f。所以$\omega+1$与ω不会相等。

从两个序型分别为α和β的有序集合M和N可以作出另一个有序集合S如下:把N的每一个元素n都换成一个与M有相同序型α的有序集合M_n,所以

$$\overline{M_n} = \alpha ; \tag{3}$$

于是,我们令

$$S = \{M_n\}。 \tag{4}$$

并于其中按以下两个规则规定等级顺序:

(1)对S中的属于同一个M_n的两个元素,我们规定保留它们在M_n中原有的等级顺序;

(2)对S中的分属于不同的M_{n_1}和M_{n_2}的两个元素,我们规定它们的等级顺序就是n_1和n_2在N中的等级顺序。

很容易看到,S的序型仅只依赖于序型α和β;我们定义它们的乘积为

$$\alpha \cdot \beta = \overline{S}。 \tag{5}$$

[503]α称为这个乘积的"被乘数"(multiplicand),β称为"乘数"(multiplier)。

在M到M_n的任一个确定的映射中,令m_n为对应于M中的m的元素,则我们可以写出

$$S = \{m_n\}。 \tag{6}$$

考虑第三个有序集合 $P=\{p\}$，并设其序型为 $\overline{P}=\gamma$，则由（5）有

$$\alpha \cdot \beta = \{\overline{m_n}\}, \beta \cdot \gamma = \{\overline{n_p}\}, (\alpha \cdot \beta) \cdot \gamma = \{\overline{(m_n)_p}\},$$

$$\alpha \cdot (\beta \cdot \gamma) = \overline{(m_{(n_p)})},$$

但是，如果我们认为元素 $(m_n)_p$ 和 $m_{(n_p)}$ 是对应的，则有序集合 $\{(m_n)_p\}$ 和 $\{m_{(n_p)}\}$ 是相似的，而彼此都被映射到对方。所以，对于序型 α,β 和 γ，结合律是成立的：

$$(\alpha \cdot \beta) \cdot \gamma = \alpha \cdot (\beta \cdot \gamma)。 \tag{7}$$

由（1）和（5）又很容易看到分配律成立：

$$\alpha \cdot (\beta+\gamma) = \alpha \cdot \beta + \alpha \cdot \gamma, \tag{8}$$

但是一定要在这样的形式下才行：即左侧乘数含有两项，而在上式的右方，它们都为乘法的右侧因子。

另一方面，序型的乘法和它的加法一样，交换律一般是不成立的。例如 $2 \cdot \omega$ 和 $\omega \cdot 2$ 就是不同的序型；因为由（5）我们有

$$2 \cdot \omega = \overline{(e_1,f_1;e_2,f_2;\cdots;e_\nu,f_\nu;\cdots)} = \omega;$$

而

$$\omega \cdot 2 = \overline{(e_1,e_2,\cdots,e_\nu,\cdots;f_1,f_2,\cdots,f_\nu,\cdots)}$$

显然与 ω 不同。

如果我们把 §3 中给出的关于基数的初等运算的规律与现在给出的关于序型的初等运算的规律加以比较，我们就很容易看到两个序型的和所对应的基数等于各个序型所对应的基数之和，而两个序型的积所对应的基数等于各个序型所相应的基数之积。如果在两个序型的、由两个初等运算（加法和乘法）产生的公式中把所有的序型都换成它们的基数，这个公式仍然是成立的。

[504]

§9
由大于 0 而小于 1 且具有自然的等级次序的
有理数所构成的集合 R 的序型 η

与在 §7 中一样,我们理解 R 就是那些大于 0 且小于 1 的有理数 $\dfrac{p}{q}$ 的集合,(这里 p 和 q 是互素的);这些有理数按其自然的等级次序排列,即其大小决定其等级。我们记这样的 R 的序型为 η:

$$\eta = \bar{R}。 \tag{1}$$

但是,我们已经对这一个集合赋予了另外的等级次序,并记之为 R_0。

$$\bar{R}_0 = \omega。$$

首先,这个顺序是由 $p+q$ 的大小决定的,而对于 $p+q$ 具有共同值的有理数则是由 $\dfrac{p}{q}$ 本身的大小决定的。集合 R_0 是一个序型为 ω 的良序集合:

$$R_0 = (r_1, r_2, \cdots, r_\nu, \cdots),\text{其中 } r_\nu < r_{\nu+1}, \tag{2}$$

$$\bar{R}_0 = \omega。 \tag{3}$$

因为 R 和 R_0 二者只是其元素的等级次序不同,所以二者有相同基数,又因我们显然有 $\bar{\bar{R}}_0 = \aleph_0$,我们也就有

$$\bar{\bar{R}} = \bar{\eta} = \aleph_0。 \tag{4}$$

这样,序型 η 属于型的类 $[\aleph_0]$。

其次,我们注意到,在 R 中既没有等级最低的元素,也没有等级最高的元素。

最后,R 具有如下的性质,即在其任意两个元素之间都还有其他元素在。这个性质我们说成是 R 为“**处处稠密的**”(*überalldicht*)。

我们现在要证明,正是这三个性质刻画了 R 的序型 η,也就是要证明以下的定理:

定理 设有一个单向有序集合 M 具有以下三个性质

(a) $\overline{\overline{M}} = \aleph_0$;

(b) M 中既没有等级最高的元素,也没有等级最低的元素;

(c) M 为处处稠密的;

则 M 的序型是 η。

$$\overline{M} = \eta$$

证明:由条件(a), M 可以化为型为 ω 的良序集合; [505] 在确定了它的序型以后,我们把它记作 M_0,并把它写成

$$M_0 = (m_1, m_2, \cdots, m_\nu, \cdots), \tag{5}$$

我们现在需要证明

$$M \simeq R; \tag{6}$$

就是说,我们需要证明, M 可以这样映射到 R 上,使得 M 中任意两个元素的等级顺序与它们在 R 中的相应元素的等级顺序一样。

令 R 中的元素 r_1 与 M 中的 m_1 相对应。 R 中的元素 r_2 则与 R 中的 r_1 有确定的等级顺序。由条件(b)[1], M 中必有无穷多个元素 m_ν,它们与 m_1 在 M 中的等级顺序、与 R 中的 r_2 和 r_1 的等级顺序关系相同。我们在这无穷多个元素中选择一个 m_{t_2},并令它相应于 r_3,我们还要求它是在 M_0 中有最小指标的一个。设想对应的过程按此规律继续。如果对 R 中的 ν 个元素

$$r_1, r_2, r_3, \cdots, r_\nu$$

已经有 M 中的确定的元素

$$m_1, m_{t_2}, m_{t_3}, \cdots, m_{t_\nu}$$

作为映象与它们对应,而且 $m_1, m_{t_2}, m_{t_3}, \cdots, m_{t_\nu}$ 在 M 中的相互的顺序关系与相应的元素 $r_1, r_2, r_3, \cdots, r_\nu$ 在 R 中等级顺序相同。于是对于 R 中的元素 $r_{\nu+1}$ 应该有 M 中的元素 $m_{t_{\nu+1}}$ 与之相应,而且这个 $m_{t_{\nu+1}}$ 在 M_0 与 m_1, $m_{t_2}, m_{t_3}, \cdots, m_{t_\nu}$ 在 M 中的顺序关系、与 $r_{\nu+1}$ 在 R 中与 $r_1, r_2, r_3, \cdots, r_\nu$ 的顺序关系相同,而且是 M_0 的这类元素中指标最小的一个。

我们这样就已经对 R 中元素 r_ν 作出了 M 中与之相关的元素 m_{t_ν},而且这些 m_{t_ν} 在 M 中的等级顺序与相应元素 r_ν 在 R 中的等级顺序是相同

---

[1] 应为(c)之误。——中译者注

的。但是,我们还需要证明 m_{t_ν} 这些元素包括了 M 中的所有元素 m_ν,也就是说,还要证明序列

$$t, t_2, t_3, \cdots, t_\nu, \cdots$$

[506]只不过是序列

$$1, 2, 3, \cdots, \nu, \cdots$$

的一个置换。我们用完全归纳法来证明这一点:我们要证明如果元素 $m_1, m_2, \cdots, m_\nu$ 已经出现在映象中,则下一个元素 $m_{\nu+1}$ 也如此。

令 λ 足够大,使得在元素

$$m_t, m_{t_2}, m_{t_2}, \cdots, m_{t_\lambda}$$

中,按假设已经出现在映象中的元素

$$m_1, m_2, \cdots, m_\nu$$

已经包含在 $m_t, m_{t_2}, m_{t_2}, \cdots, m_{t_\lambda}$ 之内。$m_{\nu+1}$ 也可能在这些元素之内,就是说 $m_{\nu+1}$ 也在映象之中。但也可能 $m_{\nu+1}$ 并不在 $m_t, m_{t_2}, m_{t_2}, \cdots, m_{t_\lambda}$ 之内,这时 $m_{\nu+1}$ 对于这些元素具有在 M 中的确定的次序位置;在 $r_1, r_2, r_3, \cdots, r_\nu$ 中有无穷多个元素具有同样的次序位置,令其中在 M_0 中具最小指标的是 $r_{\lambda+\sigma}$。这时我们很容易确定 $m_{\nu+1}$ 相对于

$$m_1, m_2, m_3, \cdots, m_{\lambda+\sigma-1}$$

在 M 中的次序位置和 $r_{\lambda+\sigma-1}$ 相对于

$$r_1, r_2, \cdots, r_{\lambda+\sigma-1}$$

在 R 中的次序位置一样。因为 $m_1, m_2, \cdots, m_\nu$ 已经出现在映象之中,$m_{\nu+1}$ 就是在 M 中相对于

$$m_1, m_{t_2}, \cdots, m_{t_{\lambda+\sigma-1}}$$

具有这个次序位置的具有最小指标的元素。所以,按照我们的对应关系,

$$m_{t_{\lambda+\sigma}} = m_{\nu+1}。$$

这样,在这个情况下,$m_{\nu+1}$ 也出现在映象中,而 $r_{\lambda+\sigma}$ 就是它在 R 中的相应元素。

这样我们就看到了,**整个集合 M** 就按照我们的对应关系被映射到**整个集合 R** 上;M 和 R 就是相似的集合,是所欲证。

从我们证明到的定理,例如可以得到以下的各个定理:

[507]所有正负有理数(包括零)构成的集合具有序型 η。

所有大于 a 而小于 b 的有理数(这里 $a<b$ 为任意实数),按照其自然的等级顺序所成的集合之序型为 η。

所有实代数数之集合、按照其自然等级顺序,其序型为 η。

所有大于 a 而小于 b 的实代数数之集合(这里 $a<b$ 为任意实数),按照其自然等级顺序,其序型为 η。

所有这些有序集合都满足我们的定理所要求于 M 的三个条件(见 *Crelle's Journal*, vol. lxxvii, pp. 258)[①]。

如果我们再进一步考虑一些集合,其序型(按照§8 中给出的定义)可以写成 $\eta+\eta, \eta\eta, (1+\eta)\eta, (\eta+1)\eta, (1+\eta+1)\eta$,我们就会发现前述的三个条件对它们都成立。这样,我们就有以下的各个定理:

$$\eta+\eta=\eta, \tag{7}$$

$$\eta\eta=\eta, \tag{8}$$

$$(1+\eta)\eta=\eta, \tag{9}$$

$$(\eta+1)\eta=\eta, \tag{10}$$

$$(1+\eta+1)\eta=\eta。 \tag{11}$$

反复应用(7)和(8)式,则对每一个有穷数 $\nu>1$,都有:

$$\eta \cdot \nu=\eta, \tag{12}$$

$$\eta^{\nu}=\eta。 \tag{13}$$

另一方面,我们容易看到,在 $1+\eta, \eta+1, \eta \cdot \nu(\nu>1), 1+\eta+1$ 中,除了 $1+\eta=\eta$ 外,其他的序型均不相同,而且不同于 η。我们也有

$$\eta+1+\eta=\eta, \tag{14}$$

但是对于 $\nu>1, \eta+\nu+\eta$ 则不同于 η。

最后,值得强调一下

$$^{*}\eta = \eta。 \tag{15}$$

[508]

---

① 见导读 V。——中译者注

§10
超穷有序集合中的基本序列

现在我们来考虑任意的单向有序的超穷集合 M。它的任意的部分也是一个有序集合。为了研究序型 $\overline{M}$，M 的那些序型为 ω 或 $^*\omega$ 的部分就特别有价值；我们称它们为"**含于 M 中的一阶基本序列**（fundamental series）"，其前者——即序型为 ω 的那些——称为"**上升序列**"（ascending series）；后者——即序型为 $^*\omega$ 的那些——则称为"**下降序列**"（descending series）。既然我们在此只限于考虑一阶基本序列（以后我们还会研究高阶基本序列），我们就简单地称之为"**基本序列**"，所以"上升序列"之形如下：

$$\{a_\nu\}，其中 a_\nu < a_{\nu+1}；\tag{1}$$

而"下降序列"之形如下：

$$\{b_\nu\}，其中 b_\nu > b_{\nu+1}。\tag{2}$$

在我们的考虑中，凡见到字母 ν，以及 κ，λ 或 μ，其意义均为一个任意的有穷基数或有穷序型（或一有穷序数）。

我们称 M 中满足以下条件的两个"上升序列"$\{a_\nu\}$ 和 $\{a'_\nu\}$ 为"相干的"（zusammengehörige），并记为

$$\{a_\nu\} \parallel \{a'_\nu\}，\tag{3}$$

这个条件是：首先，对于每一个元素 a_ν 均存在某一个元素 a'_λ 使得

$$a_\nu < a'_\lambda，$$

其次，对每一个元素 a'_ν 也存在某个元素 a_μ 使得

$$a'_\nu < a_\mu。$$

M 中的两个"下降序列"$\{b_\nu\}$ 和 $\{b'_\nu\}$ 称为相干的，并记为

$$\{b_\nu\} \parallel \{b'_\nu\}。\tag{4}$$

如果对每一个元素 b_ν 都存在元素 b'_λ 使得

$$b_\nu > b'_\lambda，$$

而同时对每一个元素 b'_ν 都存在元素 b_μ 使得

$$b'_\nu > b_\mu。$$

一个上升基本序列 $\{a_\nu\}$ 和一个下降基本序列 $\{b_\nu\}$ 称为相干的并记作

[509]

$$\{a_\nu\} \parallel \{b_\nu\}, \tag{5}$$

如果：(a) 对于所有的值 ν 和 μ 都有

$$a_\nu < b_\mu。$$

以及 (b) 在 M 中最多存在一个（就是说或者只有一个，或者一个也没有）元素 m_0，使得对于一切 ν

$$a_\nu < m_0 < b_\nu。$$

这时我们有以下的几个定理：

A. 如果两个基本序列都相干于第三个，则它们彼此也相干。

B. 如果两个基本序列在向着一个方向进行时，一个基本序列是另一个的组成部分，则这两个基本序列必相干。

如果在 M 中存在一个元素 m_0 相对于上升基本序列处于这样的位置：

(a) 对于每一个 ν 有

$$a_\nu < m_0,$$

(b) 对于 M 中的每一个元素 m，只要它位于 m_0 之前则存在某一个数 ν_0 使得

$$当 \nu \geq \nu_0 时 a_\nu > m,$$

则我们称 m_0 为在 M 中 $\{a_\nu\}$ 的一个"**极限元素**"（*Grenzelement*），也称它为一个"**主元素**"（principle element，德文为 *Hauptelement*）。同样，如果以下条件满足，则 m_0 称为 M 的一个**主元素**或 $\{b_\nu\}$ 在 M 中的一个**极限元素**：

(a) 对于每一个 ν

$$b_\nu > m_0,$$

(b) 对于 M 中的每一个在 m_0 以后的元素 m 都存在某一个数 ν_0 使得

$$当 \nu \geq \nu_0 时 b_\nu > m。$$

一个基本序列在 M 中不可能有多于一个**极限元素**；但是一般说来 M 有许多**主元素**。

我们可以看出以下的定理均为真:

C. 如果一个基本序列在 M 中有一个极限元素,则所有与它相干的基本序列在 M 中也有同一个极限元素。

D. 如果两个基本序列(不论是向同样方向或相反方向行进的)在 M 中具有同样的极限元素,则它们必为相干的。

设 M 和 M' 是相似的有序集合,即

$$\overline{M} = \overline{M'}, \tag{6}$$

而且我们确定这两个集合的任一个映象关系,则我们容易看到下面的各个定理都成立:

[510] E. 对于 M 中的每一个基本序列都有 M' 中一个基本序列作为其映象存在,反过来也对;对于 M 中每一个上升基本序列有 M' 中一个上升基本序列存在;对于 M 中每一个下降基本序列也有 M' 中一个下降基本序列存在;对 M 中的相干基本序列,在 M' 中也有相干基本序列作为其映象存在;反过来也对。

F. 如果 M 中的一个基本序列在 M 中有一个**极限元素**,则 M' 中相应的基本序列在 M' 中也有一个**极限元素**;反过来也对。而且这两个极限元素互为映象。

G. 对于 M 中的**主元素**,必相应在 M' 中也有一个**主元素**作为其映象;反过来也对。

如果一个集合 M 是由主元素构成的,从而它的所有元素都是主元素,我们就称它为一个"**自身稠密集合**"(*insichdichte Menge*)。如果 M 中每一个基本序列都在 M 中有一个极限元素,我们就称它为一个"**闭集合**"(*abgeschlossene Menge*)。如果一个集合既是自身稠密的又是闭的,我们就称它为"**完全集合**"。如一个集合具有以下三个性质中的任何一个,则其每一个相似的集合具有同样的性质,所以这些性质也可以用于描述序型,于是就有"自身稠密的序型""闭的序型""完全的序型"和"处处稠密的序型"这样的说法(§9 中就有"处处稠密的"(*überalldicht*)序型的说法)。

举例来说,η 就是一个"自身稠密的序型",而我们在 §9 中也证明了它是"处处稠密的",但是它不是闭的。序型 ω 和 $^*\omega$ 没有主元素,但是

$\omega+\nu$ 和 $\nu+^*\omega$ 各有一个主元素,从而是"闭序型"。序型 $\omega \cdot 3$ 有两个主元素,但是不是"闭序型"。序型 $\omega \cdot 3+\nu$ 有三个主元素,但是仍是"闭序型"。

§11
线性连续统 X 的序型 θ

我们现在转而研究集合 $X=\{x\}$ 的序型,这里 x 是任意实数,且 $0 \leqslant x \leqslant 1$,而且 X 具有自然等级顺序,就是说对于任意两个元素 x 和 x'

如果 $x<x'$,则 $x \prec x'$。

X 的序型的记号是:

$$\overline{X}=\theta。 \tag{1}$$

[511] 从有理数和无理数理论的原理我们知道,X 中的每一个基本序列 $\{x_\nu\}$ 都在 X 中有一个极限元素 x_0,而反过来说,X 中的每一个元素 x 也都是相干的基本序列在 X 中的极限元素。所以 X 是一个"完全集合",而 θ 是一个"完全序型"。

但是这还没有充分地刻画出 θ;我们还必须注意到 X 的下述性质:集合 X 还包含了§9中详细研究过的序型为 η 的集合 R 为其部分,其结果是在 X 的任意两个元素 x_0 和 x_1 之间必有 R 的元素在其中。

我们现在要证明,把这两个性质放在一起就足以详尽地刻画线性连续统 X 的序型 θ,于是我们将有以下的定理:

如果一个有序集合 M 是这样的:

(a) 它是"完全的";

(b) M 中包含一个集合 S,其基数为 $\overline{\overline{S}}=\aleph_0$,而且 S 与 M 有如下的关系:在 M 的任意两个元素 m_0 和 m_1 之间有 S 的元素在其内。这时,$\overline{M}=\theta$。

证明:如果 S 有一个等级最低或最高的元素,则由(b)这些元素作为 M 的元素将有同样的等级最高或最低的特性;把它们从 S 中移除,也不会改变由(b)表示的 S 与 M 的关系。所以我们可以假设 S 没有等级最低或最高的元素,从而由 §9 可知 S 的序型为 η。因为 S 是 M 的部分,在 S 的任意两个元素 s_0 和 s_1 之间,由(b),必有 S 的其他元素存在。除此以外,集合 S 和 R 必互相"相似":

$$S \simeq R_\circ$$

我们确定由 R 到 S 的任意的"映象",并且断言这个"映象"将按以下方式给出一个确定的由 X 到 M 的"映象":

令 X 中同时也属于 R 的元素,对应于 M 中同时也属于 S 的元素,而且在所假设的由 R 到 S 的"映象"中。但是,如果 x_0 是 X 中不属于 R 的元素,则 x_0 看成是包含于 X 中的一个基本序列 $\{x_\nu\}$ 的极限元素,而且可以把这个基本序列代之以包含于 R 中的一个相干的基本序列 $\{r_{x_\nu}\}$。此基本序列[512]又对应于一个在 S 中(也就是在 M 中的基本序列)$\{s_{\lambda_\nu}\}$,这个基本序列由(a)以一个不属于 S 的 M 之元素 m_0 为极限(见 §10 F)。令 M 的这个元素为 m_0 是 X 的元素 x_0 的像(由 §10 的 E,C 和 D,如果把基本序列 $\{x_\nu\}$ 和 $\{r_{x_\nu}\}$ 换成其他的,同以 X 中的相同元素 x_0 为极限的基本序列,这个 m_0 也是不会变的)。反过来说,M 中不在 S 中的元素 m_0,也有在 X 中不属于 R 的一个很确定元素 x_0 以 m_0 为它的像。

这样,我们就建立起了 X 与 M 之间的一个 biunivocal 对应(即一一对应)[①],我们现在需要证明的就是:这个对应给出了 X 与 M 之间的一个"映象"。

对于 X 中那些属于 R 的元素这当然是对的,而对于 M 中那些属于 S 的元素这当然也是对的。现在来比较 R 中的一个元素 r 与 X 中一个但不属于 R 的元素 x_0;令 M 中对应的元素为 s 和 m_0。如果 $r < x_0$,则存在一个以 x_0 为极限的上升基本序列 $\{r_{\kappa_\nu}\}$ 使得从某个 ν_0 起

$$\text{当 } \nu \geq \nu_0 \text{ 时 } r < r_{\kappa_\nu \circ}$$

$\{r_{\kappa_\nu}\}$ 在 M 中的映象是一个上升的基本序列 $\{s_{\lambda_\nu}\}$,它将以 M 中的一个元

---

① 关于 biunivocal 对应,就是一一对应,本书中不打算翻译成中文。因为康托似乎准备加进一些其他的含义。所以在前文中凡见到此词时中译者有时会添上"就事论事地说,就是一一对应"这样的话。——中译者注

m_0 为极限，而我们有对于每一个 ν，$s_{\lambda_\nu} < m_0$（见 §10）；而当 $\nu \geqslant \nu_0$ 时 $s < s_{\kappa_\nu}$。所以 $s < m_0$。（见 §7）

如果 $r > x_0$，我们可以类似地得出结论 $s > m_0$。

最后，我们来考虑属于 R 的两个元素 x_0 和 x'_0，以及 M 中与它们对应的元素 m_0 和 m'_0；用类似的考虑可以证明如果 $x_0 < x'_0$，则 $m_0 < m'_0$。

现在 X 和 M 的相似性证明完毕，因此我们有

$$\overline{M} = \theta。$$

1895 年 3 月于哈雷城（Halle）

超穷数理论基础

（二）

Contributions to the Founding of the Theory
of Transfinite Numbers

（II）

　　康托打破了数学中对于无穷的一贯解释和运用方式，创立了全新的集合论和超穷数理论。自此，集合论成为实数理论乃至整个微积分理论的基础，严密的微积分体系亦随之建立起来。同时，集合概念在更高和更广的层面上发挥威力，大大拓展了数学的研究疆域，为数学结构奠定了牢固的基础，深深影响了现代数学的走向，最终成为整个数学的基础，亦对现代哲学与逻辑的产生和发展大有裨益。

§ 12

良序集合[①]

在单向有序集合中"良序集合"占有特殊的地位;我们将称它们的序型为"**序数**",为建立更高级的超穷**基数**(或称为**势**)的确切定义提供了天然的材料——这个通过所有有穷数的系统所给出的定义一直是与我们已经给出了的最小的基数**阿列夫零**的定义相符合的(见§6)。

我们称一个单向有序集合 F 为"**良序集合**",如果它的元素 f 按一定的次序从一个最低的元素 f_1 开始上升,并使得

条件 I.在 F 中有一个等级最低的元素 f_1。

条件 II.如果 F' 是 F 的任意部分,而且 F 有一个或多个元素比 F' 的所有元素的等级都高。则 F 有一个元素 f' 紧接着 F' 全体之后,使得在 F 中没有一个元素其等级在 f' 与 F' 之间。

特别是,F 的单个元素 f 如果不是等级 F' 最高者,必紧随另一个确定的元素 f' 为等级次高的元素;这是由于条件 II:如果我们令 F' 即由单个元素 f 所构成。进一步,如果有无穷多个相连接的元素的序列

$$e' < e'' < e''' < \cdots < e^{(\nu)} < e^{(\nu+1)} < \cdots$$

包含于 F 中,而且在 [208] F 中还有等级高于所有元素 $e^{(\nu)}$ 的元素存在,则由第二个条件,取 F' 为 $\{e^{(\nu)}\}$ 的全体,则必定存在一个元素 f',使之不仅对于所有的 ν 有

$$f' > e^{(\nu)},$$

◀ 康托。

① 这里给出的"良序集合"的定义与在 Math. Ann. , vol. xxi, pp. 548(即 Grundlagen einer allegemeinen Mannichfaltigkeitlehre, pp. 4)中所给出的定义除文字略有差异外,是完全一样的。[见导读Ⅶ。]

而且在 F 中还不会存在元素 g 对于所有的 ν 同时有

$$g < f',$$
$$g > e^{(\nu)} \text{。}$$

这样,例如下面三个集合均为良序集合:

$$(a_1, a_2, \cdots, a_\nu, \cdots),$$
$$(a_1, a_2, \cdots, a_\nu, \cdots b_1, b_2, \cdots, b_\mu, \cdots)$$
$$(a_1, a_2, \cdots, a_\nu, \cdots b_1, b_2, \cdots, b_\mu, \cdots c_1, c_2, c_3),$$

其中

$$a_\nu < a_{\nu+1} < b_\mu < b_{\mu+1} < c_1 < c_2 < c_3 \text{。}$$

前两个没有等级最高的元素,第三个则有等级最高的元素 c_3;在第二个和第三个中,b_1 都直接跟随着所有的元素 a_ν,而在第三个中,c_1 则直接跟随着所有的元素 a_ν 和 b_μ。

在下面我们将推广符号 $<$ 和 $>$ 的用法。在 §7 中它们是用来表示两个元素间的次序关系的,现在则要用来表示元素群之间的次序关系,于是,公式

$$M < N,$$
$$M > N$$

则分别表示这样的次序关系: 即表示 M 的在一定次序之下的所有元素均分别具有低于或高于集合 N 的所有元素的等级。

A. 良序集合 F 对每一个部分 F_1 都具有一个等级最低的元素。

证明:如果 F 的等级最低的元素 f_1 属于 F_1,它当然也是 F_1 的等级最低的元素。在相反的情况下,记 F' 为 F[1] 中所有等级低于 F_1 的所有元素的 F 之元素的全体。因此没有一个 F 中的元素位于 F' 和 F_1 之间。这样,如果 f' 在条件 Ⅱ 中在 F' 之后,它必定属于 F 而只在此取最低的等级。

B. 如果一个单向有序集合 F 使得 F 和它的任意一个部分均有等级最低的元素,则 F 必定是一个良序集合。

[209]证明:因为 F 有最低元素,所以条件 Ⅰ 得到满足。令 F' 为 F 的一个部分,使 F 中含有一个或多个元素排在 F' 之后,令 F_1 为所有这类元

---

① 原书误为 F'。——中译者注

素的全体,而 f' 是 F_1 的等级最低的元素,于是 f' 显然是 F 中紧接着 F' 之后的元素。从而条件 II 也得到满足,所以,F 是一个良序集合。

C. 良序集合 F 的每一个部分 F' 都是良序集合。

证明:由定理 A,集合 F' 和它的每一个部分 F''(它也是 F 的一个部分)都有等级最低的元素;所以,由定理 B,集合 F' 也是良序集合。

D. 如果集合 G 相似于一个良序集合 F,则此集合 G 也是良序集合。

证明:如果 M 是一个有最低等级的元素的集合,由相似性的定义(见§7)可以直接得知每一个相似于它的集合 N 也都有一个具有最低等级的元素。现在我们有 $G \simeq F$,而 F 因其为一个良序集合,并有等级最低的元素,所以 G 也有等级最低的元素。因此 G 的每一个部分 G' 也都有等级最低的元素;这是因为在 G 对于集合 F 的映象中,集合 G' 对应于 F 的一个部分 F' 作为其映象,所以有等级最低的元素。但是由定理 A,F' 有一个等级最低的元素,所以 G' 也有一个等级最低的元素。这样,G 与其每一个部分都有等级最低的元素。由定理 B,G 是一个良序集合。

E. 如果在一个良序集合 G 中将其每一个元素 g 都以良序集合替换,使得如果 F_g 与 $F_{g'}$ 是分别替换占有 g 和 g' 的位置的良序集合,当 $g < g'$ 时也有 $F_g < F_{g'}$,则如果把按此办法由 F_g 的所有元素构成的集合称为 H,则 H 也是良序集合。

证明:H 和它的每一个部分 H_1 都有等级最低的元素,而由定理 B,正是这一点刻画了 H 为一个良序集合。这是因为,如果 g_1 是 G 的等级最低的元素,F_{g_1} 也就同时是 H 的等级最低的元素。如果进一步我们还有 H 的部分 H_1 的元素属于一个确定的集合 F_g,把这些元素放在一起也构成一个良序集合 $\{F_g\}$ 的一个部分,这个良序集合以 F_g 为元素,而且与集合 G 相似。如果这部分的等级最低的元素是 F_{g_0},则包含于 F_{g_0} 内的 H_1 那一部分等级最低的元素同时也是 H 的等级最低的元素。

[210]

§13
良序集合的段

如果 f 是良序集合 F 中不同于起始元素 f_1 的元素,我们称 F 中位于 f 之前的元素之集合 A 为"F 的一段(Abschnitte)",或者更完全地称之为"F 中由元素 f 所定义的一段"[①]。另一方面,F 中的所有其他元素(包括 f)的构成的集合称为 F 的一个"余项(remainder)",更准确地则称为"由元素 f 所决定的余项",记作 R。由 §12 的定理C,集合 A 和 R 都是良序集合,而由 §8 和 §12 我们容易写出

$$F = (A, R) \tag{1}$$

$$R = (f, R'), \tag{2}$$

$$A < R_{\circ} \tag{3}$$

这里,R' 是 R 中的跟随着起始元素 f 的部分,而当 R 除了 f 以外没有其他元素时 R' 只能是空集。

例如,在良序集合

$$F = (a_1, a_2, \cdots, a_\nu, \cdots, b_1, b_2, \cdots, b_\mu, \cdots, c_1, c_2, c_3),$$

中,段

$$(a_1, a_2)$$

和相应的余项

$$(a_3, a_4, \cdots, a_{\nu+2}, b_1, b_2, \cdots, b_\mu, \cdots, c_1, c_2, c_3)$$

是由 a_3 所决定的段和相应的余项;段

$$(a_1, a_2, \cdots, a_\nu, \cdots)$$

和相应的余项

$$(b_1, b_2, \cdots, b_\mu, \cdots, c_1, c_2, c_3)$$

---

① 段(Abschnitte)这个说法见于导读Ⅶ,用来解释在数的形成过程中形成的有序集合按形成的先后顺序分成各个数类,每个数类是一"段",现在用于一般的良序集合。同样的译名其实反映了同样的思想。——中译者注

则是由元素 b_1 决定的；而段

$$(a_1, a_2 \cdots, a_\nu, \cdots, b_1, b, \cdots, b_\mu, \cdots, c_1)$$

和相应的段

$$(c_2, c_3)$$

是由元素 c_2 决定的。

如果 A 和 A' 是 F 的两个段，f 和 f' 是决定它们的元素，而且有

$$f' < f, \tag{4}$$

则 A' 是 A 的一个段。如果

$$A' < A, \tag{5}$$

就说 A' 是 F 的"较小的"段，而 A 则是 F 的"较大的"段。用这样的语言，我们可以说 F 的每一个段都小于 F 本身。

[211] 下面是几个需要证明的定理：

A. 如果两个相似的良序集合 F 和 G 映射，则对 F 的每一个段 A 都相应有 G 的一个相似的段 B，而对 G 的每一个段 B 也相应有 F 的相似的段 A，而 F 和 G 中定义这两个段的元素 f 和 g 在此映射中互相对应。

证明：若有两个相似的单向有序集合 M 和 N 互为映象，m 和 n 是两个相应的元素，而 M' 是 M 中所有位于 m 之前的元素组成的集合，N' 是 N 中所有位于 n 之前的元素组成的集合，则在此映射下 M' 和 N' 彼此对应。这是因为，由 §7 可知，对于 M 中位于 m 之前的每一个元素 m' 必对应有 N' 中位于 n 之前的一个元素 n'，反过来也是这样。如果把这个一般的定理用于 F 和 G，则定理得证。

B. 一个良序集合 F 不可能相似于其任何一段 A。

证明：现在用反证法，设有 F 的一个段 A 使得 $F \simeq A$，然后设想已经在 F 与 A 之间建立了一个映射。由定理 A，A 的段 A' 对应于 F 的段 A，而且使 $A' \simeq A$。这样，我们也有 $A' \simeq F$ 同时 $A' < A$。现在我们再把上面的假设 $F \simeq A$ 用于 $A' \simeq F$，而得知可以找到 F 的更小的段 A''，使得 $A'' \simeq F$ 而且 $A'' < A$。仿此以往我们将会得到 F 的段的一个不断变小的无穷序列

$$A > A' > A'' \cdots > A^{(\nu)} > A^{(\nu+1)} > \cdots$$

而且其每一项都相似于集合 F。我们用 $f, f', f'', \cdots, f^{(\nu)}, \cdots$ 来记决定 F 的这些段的元素；于是我们就有

$$f > f' > f'' > f^{(\nu)} > \cdots > f^{(\nu+1)} > \cdots$$

于是我们将得到 F 的一个无穷部分,其中没有一个元素会取最低的等级。但是由 §12 的定理 A,F 是不会有这样的部分的。所以假设有由 F 到它的一个部分的映射会引起矛盾,从而 F 不会相似于其任意部分。

虽然由定理 B 良序集合 F 不会相似于自己的任何部分,然而当 F 为无穷时,确有 F 的其他部分(不一定是段)相似于 F。[212] 举一个例子,集合

$$F = (a_1, a_2, \cdots, a_\nu, \cdots)$$

相似于自己的任意余项

$$(a_{n+1}, a_{n+2}, \cdots, a_{n+\nu}, \cdots)。$$

这样,把定理 B 与下面的定理并列在一起是很重要的。

C. 一个良序集合 F 不会相似于其任意的段的任意部分。

证明:我们仍然用反证法并假设 F 有一个段 A,F' 为 A 的一部分,而且 $F' \simeq F$。我们设想一个由 F 到 F' 的映射,于是由定理 A,对于良序集合 F 的段 A 必相应有 F' 的段 F'' 作为其象;令这个段是由 F' 的元素 f' 决定的,但因 F' 是 A 的一部分,所以这个元素 f' 也是 A 的元素,所以就决定了 A 的一个段 A' 而使 F'' 是它的部分。这样,假设了 F 的段 A 有一个部分 F' 使得 $F' \simeq F$,就导致 A 的段 A' 有一个部分 $F'' \simeq A$。用同样的方法可以得到 A' 的部分 A'' 的一个部分 $F''' \simeq A'$。这样做下去,就如同定理 B 的证明一样可以得到 F 的段的一个越来越小的无穷序列:

$$A > A' > A'' > \cdots > A^{(\nu)} > A^{(\nu+1)} > \cdots,$$

还有决定这些段的元素的无穷序列

$$f > f' > f'' > \cdots > f^{(\nu)} > f^{(\nu+1)} > \cdots,$$

其中没有等级最低的元素,而由 §12 的定理 A 这是不可能的。所以 F 的一个段 A 不可能有一个部分 F' 使得 $F' \simeq F$。

D. 一个良序集合 F 不可能有彼此相似的不同的段。

证明:如果 $A' < A$,则 A' 是良序集合 A 的一个段,而由定理 B,它不可能相似于 A。

E. 两个相似的良序集合 F 和 G 只能以唯一的方式互相映射。

证明:设有两种不同的由 F 到 G 的映射,令 f' 为 F 的一个元素,而在

这两个不同的映射下其在 G 中不同的像是 g 和 g'。令 A 为 F 的由 f' 决定的段，而 B 和 B' 则是由 g 和 g' 所决定的段。由定理 A 就有 $A \simeq B$ 和 $A \simeq B'$，[213] 从而有 $B \simeq B'$，与定理 D 矛盾。

F. 如果 F 和 G 是两个良序集合，则 F 的段 A 在 G 中最多只有一个相似的段 B。

证明：如果 F 的段 A 在 G 中有两个相似的段 B 和 B'，则它们必互相相似，而由定理 D，这是不可能的。

G. 如果 A 和 B 是两个良序集合 F 和 G 的相似的段，则对 F 的每一个更小的段 $A'<A$，都有一个与之相似的 G 的较小的段 $B'<B$。而对 G 的每一个更小的段 $B'<B$，也有一个与之相似的 F 的较小的段 $A'<A$。

证明可以直接来自将定理 A 应用于相似的集合 A 和 B。

H. 如果 A 和 A' 是良序集合 F 的两个段，B 和 B' 是良序集合 G 的两个段并相似于 A 和 A'，而且，$A'<A$，则 $B'<B$。

证明可以直接由定理 F 和 G 得出。

I. 如果一个良序集合 G 的段 B 不相似于良序集合 F 的任何一段，则定理 D 和定理 G 中讲到的 $B'<B$ 的 B 与 B' 都既不能相似于 F 的一个段，也不能相似于 F 自身。

证明来自定理 G。

K. 如果对于良序集合 F 的任何一段 A，都有另一个良序集合 G 的段 B 与之相似，而且反过来对于良序集合 G 的一个段 B，也有良序集合 F 的段 A 与之相似，则 $F \simeq G$。

证明：我们可以按照以下的规律来建立起一个 F 和 G 彼此之间的映射：令 F 的最低元素 f_1 对应于 G 的最低的元素 g_1。如果 f 是 F 的另一个元素且 $f>f_1$，则它将决定 F 的另一个段 A，而由定理的假设，这个段将在 G 中有一个确定的段 B 与之相似，我们就取决定这个段的 G 中之元素 g 为 f① 的像。如果 g 是 G 中任意随着 g_1 后的元素，它将决定 G 的一个段 B，而由定理的假设，有 F 的一个相似的段 A 相似于 B。我们就以决定段 A 的元素 f 作为 g 的像。由此很容易地就会得知这样确定的 F 与 G 之间

① 原书将 f 误为 F。——中译者注

的 biunivocal 对应就是 §7 意义下的映射。为何？因为若 f 和 f' 是 F 的任意两个元素，而 g 和 g' 则是 G 中相应的元素[214]，A 和 A' 是由 f 和 f' 决定的 F 中的段，B 和 B' 则是由 g 和 g' 决定的 G 中的段，而如果

$$f' < f$$

则

$$A' < A。$$

由定理 H，我们应该有

$$B' < B，$$

从而

$$g' < g。$$

L. 如果对于良序集合 F 的每一个段 A 都有另一个良序集合 G 的相似的段 B 与之对应，但是另一方面，G 却有至少一个段 B 在 F 中没有相似的段与之对应，这时必存在 G 的一个确定的段 B_1 使得 $B_1 \simeq F$。

证明：考虑 G 的所有的在 F 中没有相似的段的全体。在其中必有一个最小的段我们称为 B_1。这一点是由于 §12 的定理 A，所有的、决定这些段的元素中有等级最低的一个；由这个元素所决定的 G 中的段 B_1 就是所有的在 F 中没有相似的段的全体的最小的元素。由定理 I，G 的每一个大于 B_1 的段在 F 中都没有相似的段。所以，在 G 中有相应于 F 中的相似的段的那些段 B 都小于 B_1，而对每一个小于 B_1 的段（$B < B_1$）都有 F 中一个相似的段属于这个 B，因为 B_1 是 G 中那些在 F 中没有相似的段与之对应的段中最小的一个。这样，对于 F 每一个段 A 都有 B_1 的一个相似的段 B，而对 B_1 的每一个段都有 F 的一个与之对应的相似的段 A。所以由定理 K 我们有

$$F \simeq B_1。$$

M. 如果良序集合 G 至少有一个段在良序集合 F 中没有相似的段，则 F 的每一个段 A 必在 G 中有一个相似于它的段 B。

证明：令 B_1 为 G 中那些在 F 中没有相似的段的中最小的一个段。[①] 如果在 F 中有这样的段，它们在 G 中没有相应的段，则其中必有一个是

———————————

① 见上面的定理 L 的证明。

最小的段,我们称之为A_1。于是对于A_1的每一个段,必存在B_1的一个相似的段;而对B_1的每一个段又必有A_1的一个相似的段存在。这样,由定理K,我们有

$$B_1 \simeq A_1 。$$

[215]但是这与我们关于B_1的知识,即B_1在F中没有相似的段相矛盾。从而,在F中的每个段在G中一个相似的段与之对应。

N. 如果F和G是两个良序集合,则以下三种情况必定有一个成立:

(a) F和G彼此相似;或

(b) 存在G的一个确定的段B_1使F与它相似;或

(c) 存在F的一个确定的段A_1使G与它相似;

而且这三种情况的每一种都排斥其他两种。

证明:F和G的关系可能是以下三种之一:

(a) 对F的每一个段A有G的一段B属于它并与之相似,并且反过来对G的每一个段B有F的一段A属于它并与之相似;

(b) 对F的每一个段A有G的一段B属于它并与之相似,但是至少有G的一段在F中没有与之相似的段与之对应;

(c) 对G的每一个段B有F的一段A属于它并与之相似,但是至少有F的一段,在G中没有与之相似的段与之对应。

既有F的一个段在G中没有相似的段与之对应、又有G的一个段在F中没有相似的段与之对应,这种情况已经由定理M排斥。

由定理K,在第一种情况下我们有

$$F \simeq G 。$$

在第二种情况下,由定理L,存在B的一个确定的段B_1使得

$$B_1 \simeq F ;$$

而在第三种情况下存在F的一个确定的段A_1使得

$$A_1 \simeq G ;$$

不可能同时有$F \simeq G$和$F \simeq B_1$,因为那样我们就会有$G \simeq B_1$,而那是与定理B矛盾的;同理,不可能同时有$F \simeq G$和$G \simeq A_1$。$F \simeq B_1$和$G \simeq A_1$也不可能同时成立,因为由定理A,由$F \simeq B_1$可以得到存在B_1的一个段B'_1使得$A_1 \simeq B'_1$。这样,我们就会有$G \simeq B'_1$,而与定理B矛盾。

O. 如果良序集合F的部分F'不相似于F的任意的段,则它必相似

于 F 本身。

证明：由§12的定理C，F'也是一个良序集合。如果F'既不相似于F的一个段，又不相似于F本身，则由定理N应有F'的一个段F'_1相似于F。但是F'是F的这样一个段$A[216]$，即是由决定F'_1为F'的段的同一个元素所决定的。这样，集合F必定相似于它的一个段的部分，而这是与定理C矛盾的。

§14
良序集合的序数

由§7可知，每一个单向有序集合M都有一个确定的序型$\overline{M}$：序型是一个一般的概念，它来自把M的元素的本性抽象掉而只保留前后次序，这样，M中只留下一些具有一定的次序关系的**单元**(*Einsen*)。所有彼此相似的集合，而且只有这种集合才具有同样的序型。我们称良序集合的序型为其"**序数**"(ordinal number)①。

如果α和β是任意两个序数，则它们之间可能存在三种可能的关系。因为如果F和G是两个良序集合并使得

$$\overline{F}=\alpha, \overline{G}=\beta,$$

则由§13的定理N，有以下三种互斥的关系：

(a) $\qquad\qquad F \simeq G;$

(b) G有一个确定的段B_1使得

$$F \simeq B_1;$$

(c) F有一个确定的段A_1使得

$$G \simeq A_1。$$

---

① 需要指出，序数并不是一个数。这里用序数只是中文翻译的习惯。在英文中固然可以说ordinal number，更常见的是直接说ordinals。用数这个字只是说它是自然数的一种"推广"，而甚至不回答推广成了什么。它是一个抽象的东西。康托甚至说它是心智的产物。这一点对于理解康托的思想非常重要。例如，我们马上就会看到序数在运算规则上与通常的自然数大不相同。——中译者注

我们可以容易地看到,当把 G 和 F 换成与它们相似的集合时,这些关系仍然会保持不变。因此我们需要处理的是序型 α 和 β 相互之间的相互互斥的关系。对于第一种情况我们说 $\alpha=\beta$;在第二种情况我们说 $\alpha<\beta$;而在第三种情况下我们则说是 $\alpha>\beta$。于是我们就有以下定理:

A. 如果 α 和 β 是任意两个序数,我们就有或者 $\alpha=\beta$,或者 $\alpha<\beta$,或者 $\alpha>\beta$。

从"较小"和"较大"的定义,容易得到:

B. 如果我们有三个序数 α,β,γ,而且 $\alpha<\beta,\beta<\gamma$,则 $\alpha<\gamma$。

这样,如果把序数按大小排列、则会得到一个单向有序集合;下面我们会看到这个单向有序集合是一个良序集合。

[217] §8 中所定义的任意单向有序集合的序型的加法和乘法自然也可以用于序数。如果 F 和 G 是两个良序集合,而且 $\alpha=\overline{F},\beta=\overline{G}$, 则

$$\alpha+\beta=\overline{(F,G)}。 \tag{1}$$

并集合 (F,G) 显然也是一个良序集合,这样,我们就有以下的定理:

C. 两个序数的和也是一个序数。

在和 $\alpha+\beta$ 中,α 称为 "**被加数**"(augend),β 称为"**加数**"(addend)。

因为 F 是 (F,G) 的一段,所以恒有

$$\alpha<\alpha+\beta。 \tag{2}$$

另一方面,G 不是 (F,G) 的一个段,而是它的一个余项,所以正如我们已经在 §13 中看到过的那样,可能相似于集合 (F,G)。如果不是这种情况,则由 §13 的定理 O,G 应该相似于 (F,G) 的一个段。这样,

$$\beta\leqslant\alpha+\beta。 \tag{3}$$

总之,我们就有:

D. 两个序数的和恒大于被加数,但是,大于或者等于加数。如果我们有 $\alpha+\beta=\alpha+\gamma$,则恒有 $\beta=\gamma$。[①]

一般说来 $\alpha+\beta$ 和 $\beta+\alpha$ 并不相等。另一方面,如果 γ 是第三个序数,我们会有

$$(\alpha+\beta)+\gamma=\alpha+(\beta+\gamma)。 \tag{4}$$

---

① 定理这一部分的证明需要用到下文中关于减法的讨论。——中译者注

这就是说,我们有以下的定理:

E. 在序数的加法中,结合律恒成立。

如果我们把一个序型为 β 的集合 G 的每一个元素 g 都换成一个序型为 α 的集合 F_g,则由 §12 的定理 E,我们将得到一个良序集合 H,其序型完全由序型 α 和 β 决定。H 称为 α 和 β 的积,记作 $\alpha \cdot \beta$,就是说我们有

$$\overline{F_g} = \alpha, \tag{5}$$

$$\alpha \cdot \beta = \overline{H}。\tag{6}$$

F. 两个序数的积仍为序数。

在积 $\alpha \cdot \beta$ 中,α 称为"**被乘数**"(multiplicand),β 称为"**乘数**(或乘子)"(multiplier)。

一般说来,$\alpha \cdot \beta$ 和 $\beta \cdot \alpha$ 并不相等。但是我们有(见 §3)

$$(\alpha \cdot \beta) \cdot \gamma = \alpha \cdot (\beta \cdot \gamma)。\tag{7}$$

这就是说

[218]G. 在序数的乘法中,结合律恒成立。

一般说来,只有以下的形式下的分配律才成立:

$$\alpha \cdot (\beta + \gamma) = \alpha \cdot \beta + \alpha \cdot \gamma。\tag{8}$$

关于乘积的大小,很容易看到以下的定理是成立的:

H. 如果乘子大于 1,两个序数的乘积恒大于被乘数,但是对于被乘数,则只有大于或者等于。如果我们有 $\alpha \cdot \beta = \alpha \cdot \gamma$,则恒有 $\beta = \gamma$。

但是,另一方面我们显然有

$$\alpha \cdot 1 = 1 \cdot \alpha = \alpha。\tag{9}$$

我们现在要考虑减法运算。如果 α 和 β 是两个序数,而且 α 小于 β。恒存在一个确定的序数 $\beta - \alpha$ 满足下面的方程:

$$\alpha + (\beta - \alpha) = \beta。\tag{10}$$

这是因为,如果 $\overline{G} = \beta$,则恒有 G 的一个段 B 使得 $\overline{B} = \alpha$;称相应的余项为 S,则有

$$G = (B, S),$$

$$\beta = \alpha + \overline{S};$$

所以有

$$\beta - \alpha = \overline{S}\text{。} \tag{11}$$

$\beta - \alpha$ 的确定性可以很容易地从以下事实看出：由 §13 的定理 D 可知：G 的段 B 是完全确定的，所以 S 也是唯一确定的。

我们要强调一下如下的两个公式，它们很容易从(4)(8)和(10)得出

$$(\gamma + \beta) - (\gamma + \alpha) = \beta - \alpha, \tag{12}$$

$$\gamma(\beta - \alpha) = \gamma\beta - \gamma\alpha\text{。} \tag{13}$$

重要的是要深思一下：无穷多个序数可以加起来使其和是一个确定的依赖于各项的序数。若

$$\beta_1, \beta_2, \cdots, \beta_\nu, \cdots$$

是由序数构成任意的单向序数序列，而且有

$$\beta_\nu = \overline{G_\nu}, \tag{14}$$

这里 G_ν 都是良序集合，否则 β_ν 只能是序型而非序数。[219] 由 §12 的定理 E 知道

$$G = (G_1, G_2, \cdots, G_\nu, \cdots) \tag{15}$$

也是一个良序集合，其序数就代表所有序数 β_ν 之和。于是我们有

$$\beta_1 + \beta_2 + \cdots + \beta_\nu + \cdots = \overline{G} = \beta, \tag{16}$$

而由乘积的定义，我们恒有

$$\gamma \cdot (\beta_1 + \beta_2 + \cdots + \beta_\nu + \cdots) = \gamma \cdot \beta_1 + \gamma \cdot \beta_2 + \cdots + \gamma \cdot \beta_\nu + \cdots \tag{17}$$

如果我们令

$$\alpha_\nu = \beta_1 + \beta_2 + \cdots + \beta_\nu, \tag{18}$$

则我们有

$$\alpha_\nu = \overline{(G_1, G_2, \cdots, G_\nu)}, \tag{19}$$

$$\alpha_{\nu+1} > \alpha_\nu, \tag{20}$$

而由(10)，我们可以用数 α_ν 来把 β_ν 表示如下：

$$\beta_1 = \alpha_1; \beta_{\nu+1} = \alpha_{\nu+1} - \alpha_\nu\text{。} \tag{21}$$

这样，我们可以用序列

$$\alpha_1, \alpha_2, \cdots, \alpha_\nu, \cdots$$

---

① 这句话是我加的——中译者注

来表示**任意的**满足条件 (20) 的序数序列;我们将称它为序数的"**基本序列**"(见 §10),在基本序列与 β_ν 之间存在着可以表示如下的关系:

(a) 对于所有的 ν,数 β_ν 总大于 α_ν,因为集合 $(G_1, G_2, \cdots, G_\nu)$ (α_ν 是它的序数)是序数是 β 的集合 G 的段。

(b) 如果 β' 是任意的小于 β 的序数,则从某一个 ν 开始我们恒有

$$\alpha_\nu > \beta'。$$

这是因为如果 $\beta' < \beta$,就有集合 G 的一个段 B' 以 β' 为序数。G 中决定这个段的元素必属于其一个部分 G_{ν_0},我们记之为 G_{ν_0}。但是这时 B' 也是 $(G_1, G_2, \cdots, G_{\nu_0})$ 的一个段,所以当 $\nu \geqslant \nu_0$ 时,有

$$\alpha_\nu > \beta'。$$

这样,β 就是按照大小次序紧接着所有数 α_ν 的序数;所以我们称之为对于上升的 ν 数 α_ν 的"**极限**"(Grenze),并记之为 $\mathrm{Lim}_\nu \alpha_\nu$[①],所以由 (16) 和 (21) 我们有

$$\mathrm{Lim}_\nu \alpha_\nu = \alpha_1 + (\alpha_2 - \alpha_1) + \cdots + (\alpha_{\nu+1} - \alpha_\nu) + \cdots \quad (22)$$

[220] 我们可以把上面所说的表述为以下的定理:

I. 对于序数的基本序列 $\{\alpha_\nu\}$ 存在一个序数按照大小紧接着所有的 α_ν;它可以用公式 (22) 来表示。

如果我们用 γ 来表示一个固定的序数,借助于公式 (12) (13) 和 (17) 容易证明由以下几个公式表述的定理:

$$\mathrm{Lim}_\nu (\gamma + \alpha_\nu) = \gamma + \mathrm{Lim}_\nu \alpha_\nu; \quad (23)$$

$$\mathrm{Lim}_\nu (\gamma \cdot \alpha_\nu) = \gamma \cdot \mathrm{Lim}_\nu \alpha_\nu。 \quad (24)$$

我们已经在 §7 中提到过:所有的由有穷基数 ν 构成的单向有序集合都有同样的序型。现在可以证明如下:每一个由有穷基数 ν 构成的单向有序集合都是良序集合,所以它和它的每一个部分都有等级最低的元素,由 §12 的定理 B,正是这一点刻画了它是一个良序集合。有穷的单向有序集合的序型就是同一个有穷序数,但是不同的序数 α 和 β 不可能属

---

① 请注意这里所用"极限"记号 $\mathrm{Lim}_\nu \alpha_\nu$ 与微积分中常用的 $\mathrm{lim}_\nu \alpha_\nu$ 不同,这里分别使用了大写的 L 和小写的 l,是因为它们表述不同的概念。现在我们设 $\{\alpha_\nu\}$ 是满足条件 (20) 的序数序列,实际上相应于上升序列的"极限"问题,从而采用了不同记号,何况康托一直避免使用"极限"这个术语。下文都是这样做的。——中译者注

于同一个有穷基数 ν。因为如果 $\alpha < \beta$ 且 $\overline{G} = \beta$,则我们知道存在 G 的一个部分 B,使得 $\overline{B} = \alpha$。这样,集合 G 和它的部分 B 就有相同的有穷基数 ν 了。但由 §6 的定理 C 这是不可能的。这样,有穷序数和有穷基数的性质是一样的。

超穷序数的情况就大不相同;可以有无穷多个序数属于同一个超穷基数 a。这些序数构成一个同一的(unitary)连通系统。我们称此系统为"**数类** $Z(a)$"(number class $Z(a)$),而它是 §7 中所讲的序型类 $[a]$ 的部分。我们要考虑的下一个对象就是数类 $Z(\aleph_0)$,我们称之为"**第二数类**"。与此对应,所谓"**第一数类**"我们就理解为有穷序数的全体 $\{\nu\}$。

[221]

§15
第二数类 $Z(\aleph_0)$ 中的数

第二数类 $Z(\aleph_0)$ 就是 $\{\alpha\}$,这里 α 是基数为 $\aleph_0$ 的良序集合的序型(见 §6)。

A. 第二数类有最小数 $\omega = \mathrm{Lim}_\nu \nu$。

证明:我们理解 ω 为良序集合

$$F_0 = (f_1, f_2, \cdots, f_\nu, \cdots) \tag{1}$$

的序型,这里 ν 遍取所有有穷序数、而且

$$f_\nu < f_{\nu+1}。\tag{2}$$

所以,由 §7 我们有

$$\omega = \overline{F_0}。\tag{3}$$

而由 §6 我们又有

$$\overline{\overline{\omega}} = \aleph_0。\tag{4}$$

这样 ω 就是一个第二数类,实际上也是最小的第二数类。因为如果 γ 是任意小于 ω 的序数,由 §14 它一定是 F_0 的一个段的序型,但是 F_0 只有形如

$$A = (f_1, f_2, \cdots, f_\nu)$$

的段，其中 ν 是一个有穷序数，所以 $\gamma = \nu$，而不存在小于 ω 的超穷序数，而 ω 是最小的超穷序数。由 §14 中给出 $\mathrm{Lim}_\nu \alpha_\nu$ 的定义，我们显然有 $\omega = \mathrm{Lim}_\nu \nu$。

B. 如果 α 是第二数类中的任意数，则 $\alpha+1$ 是第二数类中紧跟着它的第二大的数。

证明：令 F 是一个序型为 α 的良序集合，其基数为 $\aleph_0$，于是：

$$\overline{F} = \alpha, \tag{5}$$

$$\overline{\overline{\alpha}} = \aleph_0。 \tag{6}$$

令 g 为一个新元素，我们有

$$\alpha + 1 = \overline{(F, g)}。 \tag{7}$$

因为 F 是 (F, g) 的一个段，我们有

$$\alpha + 1 > \alpha。 \tag{8}$$

由 §6 我们还有

$$\overline{\overline{\alpha+1}} = \overline{\overline{\alpha}} + 1 = \aleph_0 + 1 = \aleph_0。$$

所以数 $\alpha+1$ 仍属于第二数类。在 α 和 $\alpha+1$ 之间不会再有其他序数。因为一个小于 $\alpha+1$ 的序数 γ [222] 作为序型必定对应于 (F, g) 的一个段，而这个段或者也是 F 的一个段，或者就是 F 本身。所以 γ 或者小于 α 或者等于 α。

C. 如果 $\alpha_1, \alpha_2, \cdots, \alpha_\nu, \cdots$ 是第一数类或第二数类构成的基本序列，则按照大小而紧跟着它们的数 $\mathrm{Lim}_\nu \alpha_\nu$（见 §14）一定属于第二数类。

证明：由 §14，由基本序列 $\{\alpha_\nu\}$ 必可得出 $\mathrm{Lim}_\nu \alpha_\nu$，这里我们建立起了另一个序列 $\beta_1, \beta_2, \cdots, \beta_\nu, \cdots$ 使得

$$\beta_1 = \alpha_1, \beta_2 = \alpha_2 - \alpha_1, \cdots, \beta_{\iota+1} = \alpha_{\nu+1} - \alpha_\nu, \cdots$$

于是，如果 $G_1, G_2, \cdots, G_\nu, \cdots$ 是适合条件

$$\overline{G_\nu} = \beta_\nu$$

的良序集合，则

$$G = (G_1, G_2, \cdots, G_\nu, \cdots)$$

也是一个良序集合，而且

$$\mathrm{Lim}_\nu \alpha_\nu = \overline{G}。$$

余下的只是要证明

$$\overline{\overline{G}} = \aleph_0。$$

因为数 $\beta_1, \beta_2, \cdots, \beta_\nu, \cdots$ 属于第一数类或第二数类,我们有

$$\overline{\overline{G}}_\nu \le \aleph_0,$$

从而

$$\overline{\overline{G}} \le \aleph_0 \cdot \aleph_0 = \aleph_0。$$

但是,无论如何,G 总是一个超穷集合,这就排除了 $\overline{\overline{G}} < \aleph_0$ 的可能性。

如果有两个由第一数类或第二数类构成的基本序列 $\{\alpha_\nu\}$ 和 $\{\alpha'_\nu\}$,§10 告诉我们,如果对每一个 ν 都有有穷数 λ_0 和 μ_0 使得

$$\alpha'_\lambda > \alpha_\nu, \lambda \ge \lambda_0, \tag{9}$$

$$\alpha_\mu > \alpha'_\nu, \mu \ge \mu_0, \tag{10}$$

我们就说 $\{\alpha_\nu\}$ 和 $\{\alpha'_\nu\}$ 是"相干的",并记为

$$\{\alpha_\nu\} \parallel \{\alpha'_\nu\}。 \tag{11}$$

[223] D. 分别属于基本序列 $\{\alpha_\nu\}$ 和 $\{\alpha'_\nu\}$ 的极限数 $\mathrm{Lim}_\nu \alpha_\nu$ 和 $\mathrm{Lim}_\nu \alpha'_\nu$ 当且仅当 $\{\alpha_\nu\} \parallel \{\alpha'_\nu\}$ 时才是相等的。

证明:为简短起见,我们记 $\mathrm{Lim}_\nu \alpha_\nu = \beta$,$\mathrm{Lim}_\nu \alpha'_\nu = \gamma$。我们先设 $\{\alpha_\nu\} \parallel \{\alpha'_\nu\}$,并且来证明 $\beta = \gamma$。如果 $\beta \ne \gamma$,则这两个数中必有一个较小。设 $\beta < \gamma$。于是由 §14 知道,必有某个 ν,从它以后有 $\alpha'_\nu > \beta$,从而由 (10) 得知存在一个 μ 使得从它以后,有 $\alpha_\mu > \beta$。但是因为 $\beta = \mathrm{Lim}_\nu \alpha_\nu$,所以这是不可能的。这样对于所有的 μ 均有 $\alpha_\mu < \beta$。

如果反过来先设 $\beta = \gamma$,则因为 $\alpha_\nu < \gamma$,我们必有从某一个 λ 起 $\alpha'_\lambda > \alpha_\nu$,又因为 $\alpha'_\nu < \beta$,可知从某一个 μ 起 $\alpha_\mu > \alpha'_\nu$。这就是说 $\{\alpha_\nu\} \parallel \{\alpha'_\nu\}$。

E. 如果 α 是任意的第二数类,而 ν_0 是任意的有穷序数,则我们有 $\nu_0 + \alpha = \alpha$,从而就有 $\alpha - \nu_0 = \alpha$。

证明:我们先来证明 $\alpha = \omega$ 时定理的正确性。我们有

$$\omega = \overline{(f_1, f_2, \cdots f_\nu, \cdots)},$$

$$\nu_0 = \overline{(g_1, g_2, \cdots, g_{\nu_0})},$$

从而

$$\nu_0+\omega=\overline{(g_1,g_2,\cdots,g_{\nu_0},f_1,f_2,\cdots,f_\nu,\cdots)}=\omega。$$

所以这时定理成立。如果 $\alpha>\omega$，则我们有

$$\alpha=\omega+(\alpha-\omega)，$$

$$\nu_0+\alpha=(\nu_0+\omega)+(\alpha-\omega)=\omega+(\alpha-\omega)=\alpha。$$

F. 如果 ν_0 是任意有穷序数，则有 $\nu_0\cdot\omega=\omega$。

证明：为了得出一个序型为 $\nu_0\cdot\omega$ 的集合，我们需要把集合 $(f_1,f_2,\cdots,f_\nu,\cdots)$ 的单个元素 f_ν 换成序型为 ν_0 的集合 $(g_{\nu,1},g_{\nu,2},\cdots,g_{\nu,\nu_0})$。这样我们就会得到集合

$$(g_{1,1},g_{1,2},\cdots,g_{1,\nu_0},g_{2,1},\cdots,g_{2,\nu_0},\cdots,g_{\nu,1},g_{\nu,2},\cdots,g_{\nu,\nu_0},\cdots)$$

此集合显然相似于集合 $\{f_\nu\}$，所以

$$\nu_0\cdot\omega=\omega。$$

同样的结果可以更简短地证明如下。由 §14 的(24)式，由于 $\omega=\mathrm{Lim}_\nu\nu$，故有

$$\nu_0\omega=\mathrm{Lim}_\nu\nu_0\nu。$$

另一方面，我们又有

$$\{\nu_0\nu\}\parallel\{\nu\}，$$

从而

$$\mathrm{Lim}_\nu\nu_0\nu=\mathrm{Lim}_\nu\nu=\omega，$$

所以

$$\nu_0\omega=\omega。$$

[224] G. 对于一个第二数类 α 和第一数类 ν_0，我们恒有

$$(\alpha+\nu_0)\omega=\alpha\omega$$

证明：我们有

$$\mathrm{Lim}_\nu\nu=\omega。$$

从而由 §14 的(24)式，我们有

$$(\alpha+\nu_0)\omega=\mathrm{Lim}_\nu(\alpha+\nu_0)\nu，$$

但由结合律以及前面的结果定理 E：$\nu_0+\alpha=\alpha$，而不必利用交换律和分配律，我们仍有

$$(\alpha+\nu_0)\,\nu = \{第1个\overset{1}{\overline{(\alpha+\nu)}}\} + \{第2个\overset{2}{\overline{(\alpha+\nu)}}\} + \cdots + \{第\nu个\overset{\nu}{\overline{(\alpha+\nu)}}\}^{①}$$

$$= \alpha + \{第1个\overset{1}{\overline{(\nu_0+\alpha)}}\} + \{第2个\overset{2}{\overline{(\nu_0+\alpha)}}\} + \cdots + \{第\nu-1个\overset{\nu-1}{\overline{(\nu_0+\alpha)}}\} + \nu_0$$

$$= \{第1个\overset{1}{\overline{(\alpha)}}\} + \{第2个\overset{2}{\overline{(\alpha)}}\} + \cdots + \{第\nu个\overset{\nu}{\overline{(\alpha)}}\} + \nu_0$$

$$= \alpha\nu + \nu_0。$$

容易看到,现在我们还有

$$\{\alpha\nu+\nu_0\} \parallel \{\alpha\nu\},$$

从而有

$$\mathrm{Lim}_\nu\,(\alpha+\nu_0)\,\nu = \mathrm{Lim}_\nu\,(\alpha\nu+\nu_0) = \mathrm{Lim}_\nu\alpha\nu = \alpha\omega。$$

H. 如果 α 是任意一个第二数类,α' 是小于 α 的第一数类或第二数类。这种按其大小次序排列的 α' 的全体 $\{\alpha'\}$ 构成一个序型为 α 的良序集合。

证明:令 F 为一个序型为 α: $\overline{F}=\alpha$ 的集合,而 f_1 为其等级最低的元素。如果 α' 是任意的小于 α 的序数,则由 §14,F 有一个确定的段 A' 使得

$$\overline{A'}=\alpha',$$

反过来,每一个段 A' 也通过其序型 α' 来定义一个第一数类或第二数类的 α': $\alpha'<\alpha$。这是因为,由于 $\overline{\overline{F}}=\aleph_0$,所以 $\overline{\overline{A'}}$ 只可能或者是一个有限基数,或者是 $\aleph_0$。段 A' 是由 F 的一个元素 $f'>f_1$ 决定的,而反过来 F 的一个元素 $f'>f_1$ 也决定了 F 的一个段 A'。如果 f' 和 f'' 是 F 中等级在 f_1 以后的两个元素,A' 和 A'' 是由它们决定的段,α' 和 α'' 分别是它们的序型,而且设 $f'<f''$,于是由 §13 知道 $A'<A''$,从而 $\alpha'<\alpha''$。[225] 然后,若设 $F=(f_1,F')$,则当我们令 F' 的元素 f' 对应于 $\{\alpha'\}$ 的元素 α' 后,我们就会得到 F' 和 $\{\alpha'\}$ 之间的一个映象。这样,我们就有

$$\overline{\{\alpha'\}} = \overline{F'}。$$

---

① 此处 $(\alpha+\nu)$ 上方的符号和数字表示式中的 $(\alpha+\nu)$ 的顺序号。如 $\overset{1}{\overline{(\alpha+\nu)}}$,表示式中第一个加数,$\overset{\nu}{\overline{(\alpha+\nu)}}$ 表示第 ν 个加数。——编辑注

但是，$\overline{F'}=\alpha-1$，而且由定理 E 又有 $\alpha-1=\alpha$。由此可知

$$\overline{\{\alpha'\}}=\alpha。$$

既然 $\overline{F'}=\aleph_0$，我们也就有 $\overline{\overline{\{\alpha'\}}}=\aleph_0$，从而定理得证。

由这个定理还可以得到下面的几个定理：

I. 小于一个确定的第二数类 α 的第一数类或第二数类构成一个集合 $\{\alpha'\}$，其基数为 $\aleph_0$。

K. 第二数类的每一个 α 都有两种来源：

或者 (a)：α 是来自一个较小的数 α_{-1} 加 1 而得，即

$$\alpha=\alpha_{-1}+1；$$

或者 (b)：存在一个由第一数类或第二数类构成基本序列 $\{\alpha_\nu\}$，使得

$$\alpha=\mathrm{Lim}_\nu\alpha_\nu。$$

证明：令 $\alpha=\overline{F}$。如果 F 有一个等级最高的元素 g，则 $F=(A,g)$，其中的 A 是 F 的一个由 g 决定的段。这时，我们就会得到定理中说的第一种情况，就是说

$$\alpha=\overline{A}+1=\alpha_{-1}+1。$$

这就是说，存在一个按大小仅仅小于 α 的元素，也就是我们说的 α_{-1}。[1]

如果 F 没有等级最高的元素，考虑由小于 α 的所有第一数类和第二数类的全体 $\{\alpha'\}$，由定理 H，按大小排列的集合 $\{\alpha'\}$ 应该相似于 F；所以在数 α' 中没有最大的一个。由定理 I，集合 $\{\alpha'\}$ 可以排成单向有序的无穷序列 $\{\alpha'_\nu\}$。如果我们从元素 α'_1 开始，下面按它在这个次序（不同于其大小次序）跟着的元素 $\alpha'_2,\alpha'_3,\cdots$ 虽然一般说来会小于 α'_1，但因为 α'_1 不可能是最大的元素（在 $\{\alpha'_\nu\}$ 中本来就没有最大者），所以在这些跟着的元素中迟早总会有大于 α'_1 者。在这些大于 α'_1 的元素中，取其指标最小者设为 α'_{ρ_2}。类似地，在 $\{\alpha'_\nu\}$ 中再取大于 α_{ρ_2} 但具有最小指标者，设为 α'_{ρ_3}。这样下去，我们就会得到一个上升的数的序列，实际上是一个基本序列

$$\alpha'_1,\alpha'_{\rho_2},\alpha'_{\rho_3},\cdots,\alpha'_{\rho_\nu},\cdots$$

---

[1] 这里的 α_{-1} 原书误为 α_1。——中译者注

[226] 我们有

$$1 < \rho_2 < \rho_3 < \cdots < \rho_\nu < \cdots,$$

$$\alpha'_1 < \alpha'_{\rho_2} < \alpha'_{\rho_3} < \cdots \alpha'_{\rho_\nu} < \alpha'_{\rho_{\nu=1}} < \cdots,$$

当 $\mu < \rho'_\nu$ 时,恒有 $\alpha'_\mu < \alpha'_{\rho_\nu}$;

因为显然有 $\nu \leqslant \rho_\nu$,所以恒有

$$\alpha'_\nu \leqslant \alpha'_{\rho_\nu}。$$

这样我们就看到,当 ν 充分大时,每一个数 α'_ν,从而所有的数 $\alpha' < \alpha$,都会被数 α'_{ρ_ν} 超过。但是 α 是就大小而言直接跟着所有的数 α' 的,从而也就是对于所有的 α'_{ρ_ν} 中第二大的。这样,如果我们令 $\alpha'_1 = \alpha_1$,$\alpha'_{\rho_{\nu+1}} = \alpha_{\nu+1}$,我们就会有

$$\alpha = \mathrm{Lim}_\nu \alpha_\nu,$$

至此定理 K 得证。

由定理 B,C,$\cdots$,K 可以明显地看到,第二数类以两种方式从较小的数生成。有一些数我们将称为"第一种(Art)数"是从它的直接的前一个 α_{-1} 通过加 1 来生成的:就是

$$\alpha = \alpha_{-1} + 1;$$

另一些我们则称为"第二种(Art)数"则是这样生成的:就是并没有紧接着的较小的数 α_{-1},而是由一个基本序列 $\{\alpha_\nu\}$ 按公式

$$\alpha = \mathrm{Lim}_\nu \alpha_\nu$$

生成的。这里 α 是按照大小紧接着所有的 α_ν 的。

我们把这两种由较小的数产生出较大的数的方式称为"**第二数类的第一和第二生成原理**"。[①]

§16
第二数类的势等于第二大的超穷基数阿列夫 1

以下各小节里详细讨论第二数类的数以及它们服从的规律。在这以

————

① 参看导读的 VII。

前,我们先要回答以下的问题,即这些数 α 所成的集合 $Z(\aleph_0)=\{\alpha\}$ 的基数是什么。

[227]A. 第二数类的数 α 若按照大小次序排列则所构成的全体 $\{\alpha\}$ 是一个良序集合。

证明:若把所有小于一个给定的第二数类的数 α 的第二数类的全体记为 A_α,则可以证明,当按大小次序排列时 A_α 是一个良序集合,而其序型为 $\alpha-\omega$。我们先来证明关于序型的结论。这一点可以从 §14 的定理 H 证明出来。在这个证明中,第一数类和第二数类 α' 的集合(此集合在定理 H 的证明中是记作 α' 的)是由$\{\nu\}$ 和 A_α 构成的,所以

$$\{\alpha'\}=(\{\nu\},A_\alpha)。$$

这样就有

$$\overline{\{\alpha'\}}=\overline{\{\nu\}}+\overline{A_\alpha};$$

而因为

$$\overline{\{\alpha'\}}=\alpha,\overline{\{\nu\}}=\omega,$$

所以我们有

$$\overline{A_\alpha}=\alpha-\omega。$$

现在再来证明 A_α 是一个良序集合,证明如下:令 J 为$\{\alpha\}$ 的某一部分,并使得在$\{\alpha\}$ 中存在比 J 的一切数都大的数。令 α[①] 为这种数中的一个,于是 J 也是 A_{α_0+1} 的一部分,实际上是这样的一个部分,使得至少 A_{α_0+1} 中的 α_0 大于 J 中的一切数。因为 A_{α_0+1} 是一个良序集合,由 §12 中关于良序集合的定义的条件 II,A_{α_0+1} 中必然有一个数 α' 紧跟着 J 中的一切数,而在$\{\alpha\}$ 中也有一个这样一个数紧跟着 J 中的一个数。于是 §12 中关于良序集合的定义的条件 II 成立;§12 中关于良序集合的定义的条件 I 也是成立的,因为$\{\alpha\}$ 有最小数 ω。

至此,定理 A 证毕。

现在,如果我们对良序集合$\{\alpha\}$ 应用 §12 中的定理 A 和 C 就可以得到以下的各个定理:

---

① 原书误为 α。——中译者注

B. 每一个由不同的第一数类和第二数类组成的集合都是良序集合。

C. 每一个由不同的第一数类和第二数类组成,并且按它们的大小排列的集合都是良序集合。

我们现在来证明第二数类的势不同于第一数类的势 $\aleph_0$。

D. 由所有的第二数类组成的集合之势不等于 $\aleph_0$。

证明:如果 $\overline{\{\alpha\}}$ 等于 $\aleph_0$,我们可以把集合 $\{\alpha\}$ 排成单向无穷序列

$$\gamma_1, \gamma_2, \cdots, \gamma_\nu, \cdots$$

使得 $\{\gamma_\nu\}$ 表示第二数类[228]的集合,而且在不同于大小顺序的另一种顺序中,$\{\gamma_\nu\}$ 也和 $\{\alpha\}$ 一样没有最大数。

从 γ_1 开始,令 γ_{ρ_2} 为此序列中大于 γ_1 的指标最小的项,γ_{ρ_3} 则为此序列中大于 γ_{ρ_2} 的指标最小的项,并且仿此以往。我们就会得到一个无穷上升的数的序列

$$\gamma_1, \gamma_{\rho_2}, \cdots, \gamma_{\rho_\nu}, \cdots$$

使得

$$1 < \rho_2 < \rho_3 < \cdots < \rho_\nu < \rho_{\nu+1} < \cdots,$$

$$\gamma_1 < \gamma_{\rho_2} < \gamma_{\rho_3} < \cdots < \gamma_{\rho_\nu} < \gamma_{\rho_{\nu+1}} < \cdots,$$

$$\gamma_\nu \leqslant \gamma_{\rho_\nu} \circ$$

由 §15 的定理 C 知道存在一个确定的第二数类

$$\delta = \mathrm{Lim}_\nu \gamma_{\rho_\nu},$$

它大于所有的 γ_{ρ_ν}。从而对于所有的 ν 均有

$$\delta > \gamma_\nu \circ$$

但是 $\{\gamma_\nu\}$ 中包含了所有的第二数类,所以一定有一个确定的 ν_0 使得

$$\delta = \gamma_{\nu_0},$$

但是这个结果与关系式 $\delta > \gamma_{\nu_0}$ 矛盾,所以假设 $\overline{\{\alpha\}} = \aleph_0$ 会导致矛盾。

E. 任意不同的第二数类 β 构成的集合 $\{\beta\}$ 如果是无穷的,则其基数或者就是 $\aleph_0$,或者就是整个第二数类的基数 $\overline{\{\alpha\}}$。

证明:如果把集合 $\{\beta\}$ 的元素按其大小次序排列,则它应是良序集合 $\{\alpha\}$ 的一个部分,而由 §13 的定理 O 它或者相似于一个段 A_{α_0}(即同一数类中小于 α_0 的数按其大小顺序排列所成的集合),或者相似于 $\{\alpha\}$ 自身。

我们在定理 A 的证明中已经看到

$$\overline{\overline{A_{\alpha_0}}} = \alpha_0 - \omega。$$

这样我们或者有 $\overline{\overline{\{\beta\}}} = \alpha_0 - \omega$，或者有 $\overline{\overline{\{\beta\}}} = \overline{\overline{\{\alpha\}}}$，从而或者 $\overline{\overline{\{\beta\}}}$ 等于 $\overline{\overline{\alpha - \omega}}$，或者等于 $\overline{\overline{\{\alpha\}}}$。但是由 §15 的定理 I，$\overline{\overline{\alpha_0 - \omega}}$ 要么是一个有穷基数，要么就是 $\aleph_0$。前一个可能性由于假设了 $\{\beta\}$ 是一个无穷集合而被排除，所以级数 $\overline{\overline{\{\beta\}}}$ 等于 $\aleph_0$ 或者等于 $\overline{\overline{\{\alpha\}}}$。

F. 第二数类 $\{\alpha\}$ 的势是第二大的超穷基数阿列夫 1。

[229] **证明**：没有一个基数大于 $\aleph_0$ 而小于 $\overline{\overline{\{\alpha\}}}$。因为如果有这样的基数，则由 §2，$\{\alpha\}$ 必有一个无穷部分 $\{\beta\}$ 使得 $\overline{\overline{\{\beta\}}} = \alpha$。但由刚才证明了的定理 E，$\{\beta\}$ 或有基数 $\aleph_0$ 或有基数 $\overline{\overline{\{\alpha\}}}$。所以 $\overline{\overline{\{\alpha\}}}$ 必定是一个按大小紧接着 $\aleph_0$ 的基数。我们称它为阿列夫 1，并记为 $\aleph_1$。

这样，在第二数类 $Z(\aleph_0)$ 中，我们找到了第二大的超穷基数阿列夫 1 的自然的表示。

§17
形如 $\omega^\mu \nu_0 + \omega^{\mu-1} \nu_1 + \cdots + \nu_\mu$ 的数

首先熟悉一下 $Z(\aleph_0)$ 中那些可以写成 ω 的有穷次整代数函数的数。每一个这样的数都可以写成——而且是以唯一方式写成——下面的形状

$$\phi = \omega^\mu \nu_0 + \omega^{\mu-1} \nu_1 + \cdots + \nu_\mu。 \tag{1}$$

这里 μ 和 ν_0 都不是零，但是 $\nu_1, \nu_2, \cdots, \nu_\mu$ 可以为零。这种写法的唯一性是以下面的事实为基础的，即当 $\mu' < \mu$ 且 $\nu' > 0$ 时恒有

$$\omega^{\mu'} \nu' + \omega^\mu \nu = \omega^\mu \nu。 \tag{2}$$

这是因为由 §14 的 (8) 式我们有

$$\omega^{\mu'} \nu' + \omega^\mu \nu = \omega^{\mu'} (\nu' + \omega^{\mu-\mu'} \nu)，$$

而 §15 的定理 E 指出

$$\nu' + \omega^{\mu-\mu'} \nu = \omega^{\mu-\mu'} \nu。$$

所以在许多项

$$\cdots+\omega^{\mu'}\nu'+\omega^{\mu}\nu+\cdots$$

中,如果某一项右方的项对 ω 的次数较高,则该项可以略去。按这样的方法作下去就可以达到(1)式。我们也要强调一下

$$\omega^{\mu}\nu+\omega^{\mu}\nu'=\omega^{\mu}(\nu+\nu')。\tag{3}$$

现在我们把 ϕ 和同种类型的数

$$\psi=\omega^{\lambda}\rho_0+\omega^{\lambda-1}\rho_1+\cdots+\rho_{\lambda}\tag{4}$$

加以比较。如果 λ 和 μ 是不同的数,设 $\mu<\lambda$,则由(2)有 $\phi+\psi=\psi$,所以有 $\phi<\psi$。

[230] 如果 $\mu=\lambda$, ν_0 和 ρ_0 不同,例如 $\nu_0<\rho_0$,则由(2)有

$$\phi=[\omega^{\lambda-\sigma}(\rho_{\sigma}-\nu_{\sigma})+\omega^{\lambda-0-1}\rho_{\sigma+1}+\cdots+\rho_{\mu}]=\psi,$$

所以

$$\phi<\psi。$$

如果最后

$$\mu=\lambda,\nu_0=\rho_0,\nu_1=\rho_1,\cdots,\nu_{\sigma-1}=\rho_{\sigma-1},\sigma\leqslant\mu;$$

但是 ν_{σ} 与 ρ_{σ} 不同,则由(2)有

$$\phi+(\omega^{\lambda-\sigma}(\rho_{\sigma}-\nu_{\sigma})+\omega^{\lambda-\sigma-1}\rho_{\sigma+1}+\cdots+\rho_{\mu})=\psi,$$

从而又有

$$\phi<\psi。$$

这样,我们看到只有在 ϕ 和 ψ 的表达式完全相同时,这些表达式所表示的数才相等。

关于 ϕ 和 ψ 的加法有如下的结果:

(a) 如果 $\mu<\lambda$,我们已经看到

$$\phi+\psi=\psi;$$

(b) 如果 $\mu=\lambda$,则有

$$\phi+\psi=\omega^{\lambda}(\nu_0+\rho_0)+\omega^{\lambda-1}\rho_1+\cdots+\rho_{\lambda};$$

(c) 如果 $\mu>\lambda$,我们有

$$\phi+\psi=\omega^{\mu}\nu_0+\omega^{\mu-1}\nu_1+\cdots+\omega^{\lambda+1}\nu_{\mu-\lambda-1}+$$
$$\omega^{\lambda}(\nu_{\mu-\lambda}+\rho_0)+\omega^{\lambda-1}\rho_1+\cdots+\rho_{\lambda}。$$

为了作 ϕ 和 ψ 的乘法,我们首先注意到:如果 ρ 是一个非零的有穷数,[①]我们有以下的公式:

$$\phi\rho = \omega^{\mu}\nu_0\rho + \omega^{\mu-1}\nu_1 + \cdots + \nu_{\mu} \text{。} \tag{5}$$

这个公式很容易得自对 ρ 个相同项作叠加:$\phi + \phi + \cdots + \phi$。反复应用 §15 的定理 G,并注意到 §15 的定理 F,我们就有

$$\phi\omega = \omega^{\mu+1}, \tag{6}$$

从而也有

$$\phi\omega^{\lambda} = \omega^{\mu+\lambda}, \tag{7}$$

由分配律、即 §14 的公式(8),我们有

$$\phi\psi = \phi\omega^{\lambda}\rho_0 + \phi\omega^{\lambda-1}\rho_1 + \cdots + \phi\omega\rho_{\lambda-1} + \phi\rho_{\lambda} \text{。}$$

这样,公式(4)(5)和(7)将给出以下的结果:

(a) 如果 $\rho_{\lambda} = 0$, 我们有

$$\phi\psi = \omega^{\mu+\lambda}\rho_0 + \omega^{\mu+\lambda-1}\rho_1 + \cdots + \omega^{\mu+1}\rho_{\lambda-1} = \omega^{\mu}\psi;$$

(b) 如果 ρ_{λ} 不为零,我们则有

$$\phi\psi = \omega^{\mu+\lambda}\rho_0 + \omega^{\mu+\lambda-1}\rho_1 + \cdots + \omega^{\mu+1}\rho_{\lambda-1} +$$

$$\omega^{\mu}\nu_0\rho_{\lambda} + \omega^{\mu-1}\nu_1 + \cdots + \nu_{\mu} \text{。}$$

[231][②]我们将要得到数 ϕ 的一个值得注意的分解如下。令

$$\phi = \omega^{\mu}\kappa_0 + \omega^{\mu_1}\kappa_1 + \cdots + \omega^{\mu_{\tau}}\kappa_{\tau}, \tag{8}$$

其中

$$\mu > \mu_1 > \mu_2 > \cdots > \mu_{\tau} \geqslant 0,$$

而 $\kappa_0, \kappa_1, \cdots, \kappa_{\tau}$ 则为有穷的不为零的数。这时我们有

$$\phi = (\omega^{\mu_1}\kappa_1 + \omega^{\mu_2}\kappa_2 + \cdots + \omega^{\mu_{\tau}}\kappa_{\tau})(\omega^{\mu-\mu_1}\kappa_0 + 1) \text{。}$$

反复应用这个公式,我们就有

$$\phi = \omega^{\mu_{\tau}}\kappa_{\tau}(\omega^{\mu_{\tau-1}-\mu_{\tau}}\kappa_{\tau-1} + 1)(\omega^{\mu_{\tau-2}-\mu_{\tau-1}}\kappa_{\tau-2} + 1)\cdots(\omega^{\mu-\mu_1}\kappa_0 + 1) \text{。}$$

但是,如果 κ 是一个有穷的不为零的数,则

$$\omega^{\lambda}\kappa + 1 = (\omega^{\lambda} + 1)\kappa,$$

所以

---

① 这里当然指的是正整数。——中译者注

② 原书误为 232。——中译者注

$$\phi = \omega^{\mu_\tau} \kappa_\tau (\omega^{\mu_{\tau-1}-\mu_\tau}+1) \kappa_{\tau-1} (\omega^{\mu_{\tau-2}-\mu_{\tau-1}}+1) \kappa_{\tau-2} \cdots$$

$$(\omega^{\mu-\mu_1}+1) \kappa_0 \text{。} \tag{9}$$

这里出现的所有因子 $\omega^\lambda + 1$ 都是不可分解的，而 ϕ 只能以唯一的方式来这样分解。如果 $\mu_\tau = 0$，则 ϕ 是第一数类，在所有其他情况下它都是第二数类。

这一小节的公式在表面上都是与《数学年鉴》第 21 卷第 585 页（Math. Ann., vol. xxi, pp. 585）（也就是 *Grundlagen*, pp. 41）不同的结果，但是只是两个数的乘积的写法不同：我们现在把被乘数放在左边，把乘数（即乘子）放在右边，而在《基础》那里放置的方向相反。

§18
第二数类的集合上的幂[①] γ^α

令 ξ 为一个变元，其变域是第一和第二数类（包括零）。令 γ 和 δ 是同一个域中两个不变的元，且令

$$\delta > 0, \gamma > 1 \text{。}$$

这时我们有以下定理：

A. 存在一个完全确定的变元 ξ 的函数 $f(\xi)$ 使得

(a) $\qquad\qquad\qquad f(0) = \delta \text{。}$

(b) 如果 ξ' 和 ξ'' 是 ξ 的两个值，而且

$$\xi' < \xi'',$$

则有

$$f(\xi') < f(\xi'') \text{。}$$

[232] (c) 对于 ξ 的每一个值我们都有

$$f(\xi+1) = f(\xi) \gamma \text{。}$$

---

① "幂"字原文是 power，这个词有两个翻译方法。这里是按第二种译法译的，显然是来自德文 Potenz，就是幂集合的幂。第二种译法是译为"势"，即德文的 Machtigkeit，势就是基数。本书的其他部分用势的较多。以后在有必要时，我们还会加以说明。这个脚注原是茹尔丹写的，中文译者作了一些文字的修改。——中译者注

(d) 如果 $\{\xi_\nu\}$ 是一个基本序列,则 $\{f(\xi_\nu)\}$ 也是一个基本序列,而如果我们有

$$\xi = \mathrm{Lim}_\nu \xi_\nu,$$

则

$$f(\xi) = \mathrm{Lim}_\nu f(\xi_\nu)。$$

证明:我们先来构造出所需的函数 $f(\xi)$ 由(a)和(c)我们应该取

$$f(1) = \delta\gamma, f(2) = \delta\gamma\gamma, f(3) = \delta\gamma\gamma\gamma, \cdots,$$

而因 $\delta > 0, \gamma > 1$,我们又有

$$f(1) < f(2) < f(3) < \cdots < f(\nu) < f(\nu+1) < \cdots,$$

这样,函数 $f(\xi)$ 在域 $\xi < \omega$ 上就完全确定了。现在假设定理对于小于 α 的 ξ 都成立,这里 α 是第二数类中的任意数,则它对所有的 $\xi \leq \alpha$ 都成立。原因是:如果 α 是第一数类,则由(c)我们已经有了

$$f(\alpha) = f(\alpha_{-1})\gamma > f(\alpha_{-1});$$

所以(b)(c)和(d)都满足 $\xi \leq \alpha$。但是若 α 是第二数类,且 $\{\alpha_\nu\}$ 是一个基本序列,使得 $f(a) = \mathrm{Lim}_\nu f(a_\nu)$。则由(b)可知 $\{f(a_\nu)\}$ 也是一个基本序列,而由(d)有 $f(a) = \mathrm{Lim}_\nu f(a_\nu)$。如果我们取另一个基本序列 $\{\alpha'_\nu\}$ 使 $\mathrm{Lim}_\nu \alpha'_\nu = \alpha$,则由(b)这两个基本序列是相干的,而且也有 $f(\alpha) = \mathrm{Lim}_\nu f(\alpha'_\nu)$。所以在这种情况下也证明了 $f(\alpha)$ 的值是唯一确定的。

如果 α' 是任意小于 α 的数,我们可以很容易地证明 $f(\alpha') < f(\alpha)$。也可以证明(b)(c)和(d)在 $\xi \leq \alpha$ 时也恒成立。由此可以再证明本定理对 ξ 的所有值都成立:因为如果还有 ξ 的例外值使本定理不成立,则由 §16 的定理 B,例外值之一(设为 α)将是最小的。这样本定理将对 $\xi < \alpha$ 成立,但对 $\xi \leq \alpha$ 不成立,而这与我们已经得到的证明矛盾。这样,在 ξ 的整个域中存在一个且仅有一个函数 $f(\xi)$ 满足从(a)到(d)的一切条件。

[233] 如果我们把本节开始处对 δ 所赋予的值设为 1,并把上面说到的函数 $f(\xi)$ 记为 γ^ξ,且称之为**幂函数**,就可以得到如下的定理:

B. 如果 γ 是大于 1 的任意第一数类或第二数类,则存在一个完全确定的 ξ 的函数 γ^ξ,使得

(a) $\gamma^0 = 1$;

(b) 如果 $\xi' < \xi''$,则 $\gamma^{\xi'} < \gamma^{\xi''}$;

(c) 对于 ξ 的所有值,有 $\gamma^{\xi+1} = \gamma^{\xi}\gamma$;

(d) 如果 $\{\xi_\nu\}$ 是一个基本序列,则 $\{\gamma^{\xi_\nu}\}$ 也是一个基本序列,而且我们有:若 $\xi = \mathrm{Lim}_\nu \xi_\nu$,则

$$\gamma^{\xi} = \mathrm{Lim}_\nu \gamma^{\xi_\nu}。$$

如果去掉 $\delta = 1$ 的假设,我们就会得到以下的定理:

C. 如果 $f(\xi)$ 是定理 A 中所刻画的函数,则我们有

$$f(\xi) = \delta\gamma^{\xi}。$$

证明:注意到 §14 的(24)式,我们容易相信,函数 $\delta\gamma^{\xi}$ 不仅满足定理 A 的条件(a)(b)和(c),还满足此定理的条件(d),考虑到函数 $f(\xi)$ 的唯一性,就会得到本定理所指出的 $f(\xi)$ 和 $\delta\gamma^{\xi}$ 是恒等的。

D. 如果 α 和 β 是任意的两个第一数类或第二数类的数(包括 0)则

$$\gamma^{\alpha+\beta} = \gamma^{\alpha}\gamma^{\beta}。$$

证明:考虑函数 $\phi(\xi) = \gamma^{\alpha+\xi}$,注意到以下的事实,即由 §14 的公式(23)有

$$\mathrm{Lim}_\nu(\alpha+\xi_\nu) = \alpha + \mathrm{Lim}_\nu \xi_\nu,$$

我们就能看到 $\phi(\xi)$ 满足以下的四个条件:

(a) $\phi(0) = \gamma^{\alpha}$;

(b) 如果 $\xi' < \xi''$,则 $\phi(\xi') < \phi(\xi'')$;

(c) 对于 ξ 的任意值都有 $\phi(\xi+1) = \phi(\xi)\gamma$;

(d) 如果 $\{\xi_\nu\}$ 是一个基本序列,并使 $\xi = \mathrm{Lim}_\nu \xi_\nu$,则我们有

$$\phi(\xi) = \mathrm{Lim}_\nu \phi(\xi_\nu)。$$

如果在定理 C 中令 $\delta = \gamma^{\alpha}$。我们就有

$$\phi(\xi) = \gamma^{\alpha}\gamma^{\xi},$$

如果在此式中再令 $\xi = \beta$,我们就有

$$\gamma^{\alpha+\beta} = \gamma^{\alpha}\gamma^{\beta}。$$

E. 如果 α 和 β 是任意的两个第一数类或第二数类的数(包括 0)则

$$\gamma^{\alpha\beta} = (\gamma^{\alpha})^{\beta}。$$

[234] 证明:我们来考虑函数 $\psi(\xi) = \gamma^{\alpha\xi}$,注意到由 §14 的公式(24),恒有 $\mathrm{Lim}_\nu \alpha\xi_\nu = \alpha\mathrm{Lim}_\nu \xi_\nu$,于是由定理 D 我们可以断定以下事实:

(a) $\psi(0) = 1$;

(b) 如果 $\xi' < \xi''$,则 $\psi(\xi') < \psi(\xi'')$;

(c) 对于 ξ 的任意值都有 $\psi(\xi+1) = \psi(\xi)\gamma^\alpha$;

(d) 如果 $\{\xi_\nu\}$ 是一个基本序列,并使 $\xi = \mathrm{Lim}_\nu \xi_\nu$,则我们有 $\psi(\xi) = \mathrm{Lim}_\nu \psi(\xi_\nu)$。

如果在定理 C 中令 $\delta = 1$,并用 γ^α 代替 γ,我们就有

$$\psi(\xi) = (\gamma^\alpha)^\xi,$$

再令 $\xi = \beta$,即得定理之证。

关于 γ^ξ 与 ξ 在大小上的比较,我们有下面的定理:

F. 如果 $\gamma > 1$,则对于 ξ 的一切值我们有

$$\gamma^\xi \geqslant \xi。$$

证明:当 $\xi = 0$ 和 $\xi = 1$ 时本定理明显成立。我们现在来证明,如果它对于所有小于一个给定数 $\alpha > 1$ 的 ξ 成立,则它对于 $\xi = \alpha$ 也成立。

如果 α 是第一数类,则由假设有

$$\alpha_{-1} \leqslant \gamma^{\alpha_{-1}},$$

从而

$$\alpha_{-1}\gamma \leqslant \gamma^{\alpha_{-1}}\gamma = \gamma^\alpha。$$

所以

$$\gamma^\alpha \geqslant \alpha_{-1} + \alpha_{-1}(\gamma-1)。$$

因为 α_{-1} 和 $\gamma-1$ 二者都至少等于 1,而且 $\alpha_{-1}+1 = \alpha$,所以我们有

$$\gamma^\alpha \geqslant \alpha。$$

另一方面,如果 α 是第二数类,而且

$$\alpha = \mathrm{Lim}_\nu \alpha_\nu,$$

则因为 $\alpha_\nu < \alpha$,而由假设

$$\alpha_\nu \leqslant \gamma^{\alpha_\nu},$$

从而

$$\mathrm{Lim}_\nu \alpha_\nu \leqslant \mathrm{Lim}_\nu \gamma^{\alpha_\nu},$$

这就是说

$$\alpha \leqslant \gamma^\alpha。$$

· *Contributions to the Founding of the Theory of Transfinite Numbers* ·

如果现在还有 ξ 的这样的值使得

$$\xi > \gamma^\xi,$$

则由 §16 的定理 B,这些 ξ 中必有一个最小的。记这个最小的为 α,则当 $\xi < \alpha$ 时应有

[235]
$$\xi \leq \gamma^\xi。$$

但是

$$\alpha > \gamma^\alpha,$$

这就与已经得证的结果矛盾。这样,我们就知道,对于一切的 ξ 有

$$\gamma^\xi \geq \xi。$$

§19
第二数类的数的法式

令 α 为任意的第二数类。当 ξ 之值充分大时幂函数 ω^ξ 将会大于 α。证明如下。由 §18 的定理 F,当 $\xi > \alpha$ 时这总是成立的;但是一般说来对于较小的 ξ 也会发生这样的情况。

由 §16 的定理 B,在使得

$$\omega^\xi > \alpha$$

的 ξ 中必有一个最小的。我们记这个 ξ 值为 β。很容易看到这个 β 不可能是第二数类。事实上,如果它是,我们将有

$$\beta = \mathrm{Lim}_\nu \beta_\nu,$$

但因 $\beta_\nu < \beta$,我们应有

$$\omega^{\beta_\nu} \leq \alpha,$$

从而

$$\mathrm{Lim}_\nu \omega^{\beta_\nu} \leq \alpha。$$

这样,我们应该有

$$\omega^\beta \leq \alpha,$$

但是,实际上我们已经有了 $\omega^\beta > \alpha$,这就是一个矛盾。

因此, β 是一个第一数类。我们把 β_{-1} 记为 α_0, 从而有 $\beta = \alpha_0 + 1$, 由此可以断言存在一个完全确定的第一数类或第二数类 α_0 满足下面两个条件:

$$\omega^0 \leqslant \alpha, \omega^{\alpha_0}\omega > \alpha. \tag{1}$$

从第二个结论我们就可以断定

$$\omega^{\alpha_0}\nu \leqslant \alpha$$

不可能对 ν 的所有的有穷值都成立。这是因为如果是那样的话我们就会有

$$\operatorname{Lim}_\nu \omega^{\alpha_0}\nu = \omega^{\alpha_0}\omega \leqslant \alpha.$$

我们把使得

$$\omega^{\alpha_0}\nu > \alpha$$

的最小有穷数 ν 记作 $\kappa_0 + 1$。由(1)式知道 $\kappa_0 > 0$。

[236] 所以, 在第一数类中存在一个完全确定的数 κ_0 使得

$$\omega^{\alpha_0}\kappa_0 \leqslant \alpha, \omega^{\alpha_0}(\kappa_0 + 1) > \alpha. \tag{2}$$

如果我们令 $\alpha - \omega^{\alpha_0}\kappa_0 = \alpha'$, 则有

$$\alpha = \omega^{\alpha_0}\kappa_0 + \alpha' \tag{3}$$

以及

$$0 \leqslant \alpha' < \omega^{\alpha_0}, 0 < \kappa_0 < \omega. \tag{4}$$

但是, α 只能在条件(4)限定的情况下以唯一的方式写成(3)式。因为由(3)式和(4)式反过来又可以得到条件(2), 再又得到条件(1)。但是只有 $\alpha_0 = \beta_{-1}$ 满足条件(1), 而由条件(2), 有穷数 κ_0 又是唯一确定的。注意到 §18 的定理 F,

$$\alpha' < \alpha, \alpha_0 \leqslant \alpha.$$

这样, 我们就可以得到下面的定理:

A. 第二数类的每一个数 α 都能且是以唯一方式化为

$$\alpha = \omega^{\alpha_0}\kappa_0 + \alpha'$$

的形式, 这里

$$0 \leqslant \alpha' < \omega^{\alpha_0}, 0 < \kappa_0 < \omega,$$

α' 恒小于 α, 但是 α_0 只是**小于**或**等于** α。

如果 α' 也是一个第二数类,则对它应用定理 A 我们将会得出

$$\alpha' = \omega^{\alpha_1}\kappa_1 + \alpha'', \tag{5}$$

其中

$$0 \leqslant \alpha'' < \omega^{\alpha_1}, 0 < \kappa_1 < \omega,$$

同时

$$\alpha_1 < \alpha_0, \alpha'' < \alpha'。$$

一般说来,我们会进一步得出类似方程的序列

$$\alpha'' = \omega^{\alpha_2}\kappa_2 + \alpha''', \tag{6}$$

$$\alpha''' = \omega^{\alpha_3}\kappa_3 + \alpha^{iv}, \tag{7}$$

$$\cdots \quad \cdots \quad \cdots$$

但是这个序列不可能是无穷的,而一定会在某处中断。这是因为数列 $\alpha, \alpha', \alpha'', \cdots$ 的大小是下降的:

$$\alpha > \alpha' > \alpha'' > \alpha''' > \cdots$$

如果一个下降的超穷数序列是无穷的,则不会有最小的项;而由 §16 的定理 B 知道这是不可能的。所以一定会有一个有穷的数值 τ 使得

$$\alpha^{(\tau+1)} = 0。$$

[237] 如果我们现在把(3)(5)(6)和(7)这几个式子连接起来,就会得到下面的定理:

B. 每一个第二数类的数 α 都可以且是以唯一的方式写成以下形式

$$\alpha = \omega^{\alpha_0}\kappa_0 + \omega^{\alpha_1}\kappa_1 + \cdots + \omega^{\alpha_\tau}\kappa_\tau,$$

这里 $\alpha_0, \alpha_1, \cdots, \alpha_\tau$ 是第一数类或第二数类的数,而且

$$\alpha_0 > \alpha_1 > \alpha_2 > \cdots > \alpha_\tau \geqslant 0,$$

而 $\kappa_0, \kappa_1, \cdots, \kappa_\tau, \tau+1$ 则属于第一数类而且不为零。

这里写出的第二数类的形式称为其"**法式**"(normal form);α_0 称为其"**次数**"(degree),而 α_τ 称为其"**指数**"(exponent)。对于 $\tau=0$,次数和指数是相同的。

按照其指数 α_τ 等于或大于零,可以区分 α 分别为第一数类和第二数类。

现在取另一个数 β,其法式为

$$\beta = \omega^{\beta_0}\lambda_0 + \omega^{\beta_1}\lambda_1 + \cdots + \omega^{\beta_\sigma}\lambda_\sigma。 \qquad (8)$$

以下的公式

$$\omega^{\alpha'}\kappa' + \omega^{\alpha'}\kappa = \omega^{\alpha'}(\kappa'+\kappa)， \qquad (9)$$

$$\omega^{\alpha'}\kappa' + \omega^{\alpha''}\kappa'' = \omega^{\alpha''}\kappa''，\alpha'<\alpha''， \qquad (10)$$

其中 $\kappa, \kappa', \kappa''$ 表示有穷数,既可用于 α 与 β 的比较,也可用于求它们的和与差。它们是 §17 的公式(2)与(3)的推广。

要作乘积 $\alpha\beta$,我们需要用到以下的公式:

$$\alpha\lambda = \omega^{\alpha_0}\kappa_0\lambda + \omega^{\alpha_1}\kappa_1 + \cdots + \omega^{\alpha_\tau}\kappa_\tau，0<\lambda<\omega； \qquad (11)$$

$$\alpha\omega = \omega^{\alpha_0+1}； \qquad (12)$$

$$\alpha\omega^{\beta'} = \omega^{\alpha_0+\beta'}，\beta'>0。 \qquad (13)$$

指数运算 α^β 可以用下面的公式很容易地实现:

$$\alpha^\lambda = \omega^{\alpha_0\kappa}\kappa_0 + \cdots，0<\lambda<\infty。 \qquad (14)$$

这里的 $\cdots$ 表示次数低于第一项的项。由此容易得出:基本序列 $\{\alpha^\lambda\}$ 和 $\{\omega^{\alpha_0\lambda}\}$ 是相干的,所以

$$\alpha^\omega = \omega^{\alpha_0\omega}，\alpha_0>0。 \qquad (15)$$

这样,由 §18 的定理 E 我们就有:

$$\alpha^{\omega^{\beta'}} = \omega^{\alpha_0\omega^{\beta'}}，\alpha_0>0，\beta'>0。 \qquad (16)$$

利用这些公式,我们就很容易地得到下面的几个定理:

[238] C. 如果两个数 α 和 β 的法式的首项 $\omega^{\alpha_0}\kappa_0，\omega^{\beta_0}\lambda_0$ 不相等,则按照 $\omega^{\alpha_0}\kappa_0$ 是小于或大于 $\omega^{\beta_0}\lambda_0$ 而有 α 是小于或大于 β。但是如果有

$$\omega^{\alpha_0}\kappa_0 = \omega^{\beta_0}\lambda_0，\omega^{\alpha_1}\kappa_1 = \omega^{\beta_1}\lambda_1，\cdots，\omega^{\alpha_\rho}\kappa_\rho = \omega^{\beta_\rho}\lambda_\rho，$$

则按照 $\omega^{\alpha_{\rho+1}}\kappa_{\rho+1}$ 是大于或小于 $\omega^{\beta_{\rho+1}}\lambda_{\rho+1}$ 而相应地有 α 是小于或大于 β。

D. 如果 α 的次数 α_0 小于 β 的次数 β_0,我们有

$$\alpha+\beta = \beta。$$

如果 $\alpha_0 = \beta_0$,则有

$$\alpha+\beta = \omega^{\beta_0}(\kappa_0+\lambda_0) + \omega^{\beta_1}\lambda_1 + \cdots + \omega^{\beta_\sigma}\lambda_\sigma。$$

但是若

$$\alpha_0>\beta_0，\alpha_1>\beta_0，\cdots，\alpha_\rho \geqslant \beta_0，\alpha_{\rho+1}<\beta_0，$$

则有

$$\alpha+\beta=\omega^{\alpha_0}\kappa_0+\cdots+\omega^{\alpha_\rho}\kappa_\rho+\omega^{\beta_0}\lambda_0+\omega^{\beta_1}\lambda_1+\cdots+\omega^{\beta_\sigma}\lambda_\sigma。$$

E. 如果 β 是第二数类(即 $\beta_\sigma>0$),则有

$$\alpha\beta=\omega^{\alpha_0+\beta_0}\lambda_0+\omega^{\alpha_0+\beta_1}\lambda_1+\cdots+\omega^{\alpha_0+\beta_\sigma}\lambda_\sigma=\omega^{\alpha_0}\beta;$$

但是如果 β 是第一数类(即 $\beta_\sigma=0$),则有

$$\alpha\beta=\omega^{\alpha_0+\beta_0}\lambda_0+\omega^{\alpha_0+\beta_1}\lambda_1+\cdots+\omega^{\alpha_0+\beta_{\sigma-1}}\lambda_{\sigma-1}+$$

$$\omega^{\alpha_0}\kappa_0\lambda_0+\omega^{\alpha_1}\kappa_1+\cdots+\omega^{\alpha_\tau}\kappa_\tau。$$

F. 如果 β 是第二数类(即 $\beta_\sigma>0$),则有

$$\alpha^\beta=\omega^{\alpha_0\beta}。$$

但是,如果 β 是第一数类(即 $\beta_\sigma=0$),而且 $\beta=\beta'+\lambda$,其中 β' 是第二种数,则有

$$\alpha^\beta=\omega^{\alpha_0\beta'}\alpha^{\lambda_\sigma}。$$

G. 第二数类的每一个数 α 都可以且以唯一方式写成乘积形式:

$$\alpha=\omega^{\gamma_0}\kappa_\tau(\omega^{\gamma_1}+1)\kappa_{\tau-1}(\omega^{\gamma_2}+1)\kappa_{\tau-1}\cdots(\omega^{\gamma_\tau}+1)\kappa_0,$$

而且我们有

$$\gamma_0=\alpha_\tau,\gamma_1=\alpha_{\tau-1}-\alpha_\eta,\gamma_2=\alpha_{\tau-2}-\alpha_{\tau-1},\cdots,\gamma_\tau=\alpha_0-\alpha_1,$$

这里 $\kappa_0,\kappa_1,\cdots,\kappa_\tau$ 的含义与它们在法式中的含义相同。所有的因子 $\omega^\gamma+1$ 都是不可分解的。

H. 每一个属于第二数类的第二种数 α 都可以且是唯一方式表示为以下形式

$$\alpha=\omega^{\gamma_0}\alpha',$$

其中 $\gamma_0>0$,而 α' 是属于第一数类或第二数类的第一种数。

[239] I. 使得两个第二数类的数 α 和 β 满足以下方程

$$\alpha+\beta=\beta+\alpha$$

的充分必要条件是

$$\alpha=\gamma\mu,\beta=\gamma\nu,$$

其中 μ 和 ν 是第一数类中的数。

K. 设有两个第二数类的数 α 和 β 都是第一种数,则它们满足以下方程

$$\alpha\beta=\beta\alpha$$

的充分必要条件是

$$\alpha=\gamma^{\mu},\beta=\gamma^{\nu},$$

这里 μ 和 ν 是第一数类中的数。

现在要具体地说明第二数类的数之**法式**,以及与之密切相关的**乘积形式**的含义和使用方法。定理 I 和定理 K 的证明就是以此为基础的。先看定理 I,其证明如下:

由假设

$$\alpha+\beta=\beta+\alpha,$$

我们首先能够断定 α 的次数 α_0 必定等于 β 的次数 β_0。如果不然,设 $\alpha_0<\beta_0$,由定理 D 我们将有

$$\alpha+\beta=\beta,$$

而由假设又有

$$\beta+\alpha=\beta,$$

但这是不可能的,因为由 §14 的(2)式我们有

$$\beta+\alpha>\beta。$$

这样利用法式我们可以写出

$$\alpha=\omega^{\alpha_0}\mu+\alpha',\beta=\omega^{\beta_0}\nu+\beta',$$

这里,数 α' 和 β' 的次数小于 α_0,而 μ 和 ν 是非零的无穷数。现在由定理 D 我们将有

$$\alpha+\beta=\omega^{\alpha_0}(\mu+\nu)+\beta',\beta+\alpha=\omega^{\alpha_0}(\mu+\nu)+\alpha',$$

从而

$$\omega^{\alpha_0}(\mu+\nu)+\beta'=\omega^{\alpha_0}(\mu+\nu)+\alpha'。$$

由 §14 的定理 D 我们将有

$$\beta'=\alpha'。$$

这样,我们就有

$$\alpha=\omega^{\alpha_0}\mu+\alpha',\beta=\omega^{\alpha_0}\nu+\alpha',$$

[240] 如果我们记

$$\omega^{\alpha_0}+\alpha'=\gamma,$$

则由(11)式我们有

$$\alpha=\gamma\mu,\beta=\gamma\nu。$$

至此定理 I 证毕。

现在我们来证明定理 K。我们假设 α 和 β 是属于第二数类的第一种数,同时

$$\alpha\beta=\beta\alpha,$$

同时我们还设

$$\alpha>\beta。$$

按照定理 G 我们可以设想 α 和 β 都已化为乘积形式,并令

$$\alpha=\delta\alpha',\beta=\delta\beta',$$

这里 α' 和 β' 除了 1 以外没有左侧的公因子。于是

$$\alpha'>\beta',$$

而且

$$\alpha'\delta\beta'=\beta'\delta\alpha'。$$

这里和以后出现的数都是第一数类,因为我们对于 α 和 β 都已经作了这个假设。

根据定理 G,上述方程表明 α' 和 β' 不可能都是超穷的,因为如果它们同为超穷的,则在左侧会有一个公因子。它们也不可能同为有穷的,因为那样的话 δ 就会是超穷的,而若 κ 是在 δ 左侧的有穷因子,我们就会有

$$\alpha'\kappa=\beta'\kappa,$$

因此就有

$$\alpha'=\beta'。$$

所以只留下唯一的可能性即

$$\alpha'>\omega,\beta'<\omega。$$

但是有穷数 β' 必须是 1:

$$\beta'=1,$$

如若不然,它将会作为一个有穷因子的一部分而被包含在 α' 左侧的有穷因子中。

这样,我们就得到 $\beta=\delta$,从而

$$\alpha=\beta\alpha',$$

这里,α' 是一个属于第二数类的数,而且是第一数类且必小于 α:

在 α' 和 β 中就必有关系式

$$\alpha'\beta=\beta\alpha'。$$

[241] 从而,如果 $\alpha' > \beta$,用同样的方法我们就能得知存在一个第一种比 α' 小的超穷数,并使得

$$\alpha'=\beta\alpha'',\alpha''\beta=\beta\alpha''。$$

如果 $\alpha''>\beta$,就会存在数 α''' 、小于 α'',并且有

$$\alpha''=\beta\alpha''',\alpha'''\beta=\beta\alpha''',$$

并且仿此以往。由 §16 的定理 B 知道下降的序列 $\alpha,\alpha',\alpha'',\alpha''',\cdots$ 会在某处中断。所以就会有一个确定的有穷指标 ρ_0 使得

$$\alpha^{(\rho_0)}\leqslant\beta。$$

如果

$$\alpha^{(\rho_0)}=\beta,$$

我们就会有

$$\alpha=\beta^{\rho_0+1},\beta=\beta;$$

这样,定理 K 证毕,而我们有

$$\gamma=\beta,\mu=\rho_0+1,\nu=1。$$

但是如果

$$\alpha^{(\rho_0)}<\beta,$$

我们就可以令

$$\alpha^{(\rho_0)}=\beta_1,$$

而有

$$\alpha=\beta^{\rho_0}\beta_1,\beta\beta_1=\beta_1\beta,\beta_1<\beta。$$

所以也就会有一个有穷数 ρ_1 使得

$$\beta=\beta_1^{\rho_1}\beta_2,\beta_1\beta_2=\beta_2\beta_1,\beta_2<\beta_1。$$

一般说来,我们类似地会有:

$$\beta_1=\beta_2^{\rho_2}\beta_3,\beta_2\beta_3=\beta_3\beta_2,\beta_3<\beta_2,$$

并且仿此以往。由 §16 的定理 B 知道下降的序列 $\beta_1,\beta_2,\beta_3,\cdots$ 也会在某处中断。所以就会存在一个有穷数 κ 使得

$$\beta_{\kappa-1}=\beta_\kappa^{\rho_\kappa}。$$

如果我们令

$$\beta_\kappa = \gamma,$$

则会有

$$\alpha = \gamma^\mu, \beta = \gamma^\nu,$$

而 μ 和 ν 成为下面的连分数的分子和分母：

$$\frac{\mu}{\nu} = \rho_0 + \cfrac{1}{\rho_1 + \cdots + \cfrac{1}{\rho_\kappa}}。$$

至此定理 K 证毕。

[242]

§20
第二数类的 ε 数

设有一个数 α，它的法式是

$$\alpha = \omega^{\alpha_0}\kappa_0 + \omega^{\alpha_1}\kappa_1 + \cdots, \alpha_0 > \alpha_1 > \cdots, 0 < \kappa_\nu < \omega。 \tag{1}$$

注意到 §18 中的定理 F，从这个法式我们可以很容易看到指数 α_0 绝不会大于 α。但是这里就会出现一个问题：是否会存在这样的数 α 使 $\alpha_0 = \alpha$。在这种情况下，α 的法式就化为单项，而这个单项就是 ω^α，这就是说，α 将是以下方程

$$\omega^\xi = \xi \tag{2}$$

的根。另一方面，这个方程的每一个根 α 又一定具有法式 ω^α，其次数就是法式本身。

第二数类中的与自己的次数相同者就是方程(2)的根。我们要解决的问题就是去确定这些根的全体。为了把它们与其他的数区别开来，我们称之为"**第二数类中的 ε 数**"。[①] ε 数确实存在，可以得自下面的定理

A. 如果 γ 是不满足方程(2)的第一或第二类数，可以通过以下的方

---

① ε 数定义就是：它必须是(2)的根。——中译者注

程组
$$\gamma_1 = \omega^\gamma, \gamma_2 = \omega^{\gamma_1}, \cdots, \gamma_\nu = \omega^{\gamma_{\nu-1}}, \cdots$$
确定一个基本序列 $\{\gamma\}$，而其极限 $\mathrm{Lim}_\nu = E(\gamma)$ 恒为一个 ε 数。

证明：既然 γ 不是一个 ε 数，我们就有 $\omega^\gamma > \gamma$，也就是说 $\gamma_1 > \gamma$，所以由 §18 的定理 B 我们也有 $\omega^{\gamma_1} > \omega^\gamma$，也就是说 $\gamma_2 > \gamma_1$；同样也就有 $\gamma_3 > \gamma_2$。仿此以往。序列 $\{\gamma_\nu\}$ 就成了一个基本序列。我们记其极限为 $E(\gamma)$，这是 γ 的一个函数，而且有
$$\omega^{E(\gamma)} = \mathrm{Lim}_\nu \omega^\gamma = \mathrm{Lim}_\nu \gamma_{\nu+1} = E(\gamma)_\circ$$
所以 $E(\gamma)$ 是一个 ε 数。

B. 数 $\varepsilon_0 = E(1) = \mathrm{Lim}_\nu \omega_\nu$ 是所有 ε 数中最小的一个。这里
$$\omega_1 = \omega, \omega_2 = \omega^{\omega_1}, \omega_3 = \omega^{\omega_2}, \cdots, \omega_\nu = \omega^{\omega_{\nu-1}}, \cdots$$
[243] 证明：令 ε' 为任意的 ε 数，所以
$$\omega^{\varepsilon'} = \varepsilon'_\circ$$
因为 $\varepsilon' > \omega$，我们有 $\omega^{\varepsilon'} > \omega^\omega$，也就是说 $\varepsilon' > \omega_1$。类似于此，我们有 $\omega^{\varepsilon'} > \omega^{\omega_1}$，也就是说 $\varepsilon' > \omega_2$，并仿此以往。一般地说，我们有
$$\varepsilon' > \omega_\nu,$$
从而，
$$\varepsilon' \geq \mathrm{Lim}_\nu \omega_\nu,$$
也就是说
$$\varepsilon' \geq \varepsilon_0_\circ$$
这样，$\varepsilon_0 = E(1)$ 是所有 ε 数中最小的一个。

C. 如果 ε' 是任意的 ε 数，ε'' 是下一个较大的 ε 数，而 γ 是介于二者的任意数：
$$\varepsilon' < \gamma < \varepsilon'',$$
则 $E(\gamma) = \varepsilon''_\circ$

证明：由
$$\varepsilon' < \gamma < \varepsilon''$$
有
$$\omega^{\varepsilon'} < \omega^\gamma < \omega^{\varepsilon''},$$

这就是说

$$\varepsilon' < \gamma_1 < \varepsilon''。$$

类似地,我们可以得出结论

$$\varepsilon' < \gamma_2 < \varepsilon'',$$

并仿此以往。一般地,我们就会有

$$\varepsilon' < \gamma_\nu < \varepsilon'',$$

这样,我们就有

$$\varepsilon' < E(\gamma) \leqslant \varepsilon''。$$

由定理 A,$E(\gamma)$ 是一个 ε 数。但是 ε'' 是大小紧接着 ε' 的第二大的 ε 数,所以 $E(\gamma)$ 不可能小于 ε'',这样,我们就有

$$E(\gamma) = \varepsilon''。$$

因为所有的 ε 数都是第二数类(这一点由 ε 数的定义 $\xi = \omega^\xi$ 可以看到),所以 $\varepsilon' + 1$ 肯定小于 ε'',由此可得下面的定理:

D. 如果 ε' 是一个 ε 数,则 $E(\varepsilon'+1)$ 是下一个较大的 ε 数。

于是,对于最小的 ε_0 紧跟其后下一个较大的 ε 数就是

$$\varepsilon_1 = E(\varepsilon_0+1),$$

[244] 而 ε_1 的下一个较大的 ε 数就是

$$\varepsilon_2 = E(\varepsilon_1+1),$$

并可仿此类推。相当普遍的情况是:按大小排列的第 $(\nu+1)$ 个 ε 数可以由递归公式

$$\varepsilon_\nu = E(\varepsilon_{\nu-1}+1) \tag{3}$$

给出。但是,绝不能说无穷序列

$$\varepsilon_0, \varepsilon_1, \cdots, \varepsilon_\nu, \cdots$$

就是包含了所有的 ε 数。这一点可以从下面的定理看出来:

E. 如果 $\varepsilon, \varepsilon', \varepsilon'', \cdots$ 是任意的 ε 数的无穷序列,而且

$$\varepsilon < \varepsilon' < \varepsilon'' < \cdots < \varepsilon^{(\nu)} < \varepsilon^{(\nu+1)} < \cdots$$

则 $\mathrm{Lim}_\nu \varepsilon^{(\nu)}$ 也是一个 ε 数,而且是按大小排列,紧接着所有 $\varepsilon^{(\nu)}$ 的 ε 数。

证明:

$$\omega^{\mathrm{Lim}_\nu \varepsilon^{(\nu)}} = \mathrm{Lim}_\nu \omega^{\varepsilon^{(\nu)}} = \mathrm{Lim}_\nu \varepsilon^{(\nu)}。$$

至于 $\text{Lim}_\nu \varepsilon^{(\nu)}$ 是按照大小排列紧接着所有 $\varepsilon^{(\nu)}$ 的下一个最大的 ε 数这一点，则可由下面的事实得出：即 $\text{Lim}_\nu \varepsilon^{(\nu)}$ 是第二数类中按大小排列的紧接着所有 $\varepsilon^{(\nu)}$ 的一个。

F. 第二数类中的 ε 数如果按其大小次序排列，其整体成为一个良序集合，其序型为第二数类按其元的大小次序排列的序型 Ω，所以其势为阿列夫 1。

证明：由 §16 的定理 C，第二数类按其元的大小次序排列成为一个良序集合：

$$\varepsilon_0, \varepsilon_1, \cdots, \varepsilon_\nu, \cdots, \varepsilon_{\omega+1}, \cdots, \varepsilon_{\alpha'}, \cdots, \tag{4}$$

其形成的规则就是 §16 的定理 D 和 E。如果指标 α' 不能依次地遍取第二数类的所有数值，必有最小的一个 α 是它不能取到的。如果 α 是第一种数，这会与定理 D 矛盾；如果 α 是第二种数，则会与定理 E 矛盾。这样，α' 能够依次地遍取第二数类的所有数值。

如果记第二数类的序型为 Ω，则（4）的序型为

$$\omega+\Omega=\omega+\omega^2+(\Omega-\omega^2),$$

[245] 但因 $\omega+\omega^2=\omega^2$，所以我们有

$$\omega+\Omega=\Omega;$$

从而我们有

$$\overline{\omega+\Omega}=\overline{\Omega}=\aleph_1。$$

G. 如果 ε 是任意的 ε 数，而 α 是第一数类或第二数类中任意的小于 ε 的数：

$$\alpha<\varepsilon,$$

则 ε 满足下面的三个方程：

$$\alpha+\varepsilon=\varepsilon, \alpha\varepsilon=\varepsilon, \alpha^\varepsilon=\varepsilon。$$

证明：如果 α 的次数为 α_0，我们有 $\alpha_0\leq\alpha$，从而因 $\alpha<\varepsilon$，我们又有 $\alpha_0<\varepsilon$。但是 $\varepsilon=\omega^\varepsilon$，故 ε 的次数就是 ε 本身，所以 α 的次数小于 ε。由 §19 的定理 D，有

$$\alpha+\varepsilon=\varepsilon,$$

而且也有

$$\alpha_0 + \varepsilon = \varepsilon。$$

另一方面,由 §19 的公式(13)我们有

$$\alpha\varepsilon = \alpha\omega^\varepsilon = \omega^{\alpha_0 + \varepsilon} = \omega^\varepsilon = \varepsilon。$$

所以也有

$$\alpha_0\varepsilon = \varepsilon。$$

最后,注意到 §19 的公式(16),我们就有

$$\alpha^\varepsilon = \alpha\omega^\varepsilon = \omega^{\alpha_0}\omega^\varepsilon = \omega^{\alpha_0\varepsilon} = \omega^\varepsilon = \varepsilon。$$

H. 如果 α 是第二数类中的任意数,则方程

$$\alpha^\xi = \xi$$

除了大于 α 的 ε 数以外,没有其他的根。

证明:令 β 为方程

$$\alpha^\xi = \xi$$

的根,即

$$\alpha^\beta = \beta。$$

由此公式我们首先有

$$\beta > \alpha。$$

另一方面,β 必定是第二类的数。如若不然,我们将会有

$$\alpha^\beta > \beta。$$

这样,由 §19 的定理 F 我们有

$$\alpha^\beta = \omega^{\alpha_0\beta},$$

从而

$$\omega^{\alpha_0\beta} = \beta。$$

[246] 由 §19 的定理 F 我们有

$$\omega^{\alpha_0\beta} \geqslant \alpha_0\beta,$$

这样,

$$\beta \geqslant \alpha_0\beta。$$

但是 β 不可能大于 $\alpha_0\beta$;这样

$$\alpha_0\beta = \beta,$$

因而,

$$\omega^\beta = \beta。$$

所以,β 是一个大于 α 的 ε 数。

1897 年 3 月于哈雷城(Halle)

茹尔丹注释[1]

· Notes ·

茹尔丹做的这个注释，简略补充介绍了 1897 年至 1915 年期间超穷理论的发展情况。

---

[1] 这个注释是茹尔丹本人做的。——中译者注

在一定的意义上讲,有穷和超穷数的理论算术最基本的进展在于数的概念的纯逻辑定义。康托把"基数"和"序型"定义为是由我们的思维活动产生的一般概念,也就是心理的实体。(见**导读Ⅷ**中关于康托1883年的讲演的那一部分,以及**第一篇论文**的[482]页和[498]页)。弗雷格则在他1884年的书《算术基础》(*Grundlagen der Arithmetik*)中把"类 u 的数"(*Anzahl*)直接定义为与 u 相等价的类(这里"等价"(æquivalent)一词的意义见导读Ⅷ中关于康托1883年的讲演的那一部分,以及**第一篇论文**的[482]页)。弗雷格指出,他的:"数"就是康托在**导读Ⅴ**以及**导读Ⅷ**中关于康托1883年的讲演的那一部分和**第一篇论文**的[482]页中的"**基数**",而且没有理由只限于考虑有穷的"**数**"。虽然弗雷格在他1883年的《算术基础》的第一卷中已经把算术的很重要的一部分做出来了,其逻辑上的准确性也是前所未见的。但是此书以后多年几乎不为人知,直到罗素于1903年在他的名著《数学原理》①(B. Russell, *The Principles of Mathematics*, Cambridge Univ. Press, 1903,以下简记为 *Principles*)一书中也独立地获得了"**基数**"的逻辑定义,弗雷格的思想才被广泛了解。罗素还指出了这个定义的两个优点:首先在于,通过逻辑的基本实体来构造"**数**",就避免了使用某种新的、未经定义的类似于"**数**"之类的概念;其次在于,这样做就能得知所定义的类非空,所以基数 u 在逻辑意义上是"存在"的,因为 u 等价于其自身,所以作为基数定义的这个等价类中至少有 u 这样一个成员。罗素也给出了序型,或更一般的"相对数"的相类似的定义。②

关于在集合理论中1897年以后的许多工作都收集在舍恩弗里斯(Arthur Moritz Schoenflies, 1853—1928,德国数学家)的报告:《集合理论

◀ 康托的手迹。

① 参看此书的 pp. 519,111-116. 请比较 Whitehead, *Amer. Journ. of Math.*, vol. xxiv, 1902, pp. 4,13。这个理论的比较现代的讨论可见 Whitehead and Russell, *Principia Mathematica*, vol. ii, Cambridge, 1912, pp. 4,13 此书以下简记为 *Principia*.

② 见 *Principles*, pp. 262,31 诸页,和 *Principia Mathematica*, vol. ii, pp. 330,473-510 诸页。

的发展》(*Die Entwickelung der Lehre von den Punktmannigfaltigkeiten*,第一部分 Leipzig,1900;第二部分 Leipzig, 1908)中。此书第一部分的第二版则与哈恩(H. Hahn)合作,并于 1913 年在莱比锡(Leipzig)和柏林(Berlin)出版。其标题则改为《集合理论及其应用的发展》(*Entwickelung der Mengenlehre und ihrer Anwendungen*)。这三部著作在以下引用时都只注明其年份,而不再注明作者名字和书名。就是说,凡是见到 1900 时就表示舍恩弗里斯的报告《集合理论的发展》的第一部分;1908 表示该报告的第二部分;1913 则表示舍恩弗里斯和哈恩合作的《集合理论及其应用的发展》,而在引用到这些报告以外的著作时,则对其出处和篇名等都会做完整的引述。

超穷数理论除了其在几何学和函数论中的应用以外,1897 年之后最重要的发展有以下几方面:

(1)由施洛德 (Friedrich Wilhelm Karl Ernst Schröder,1891—1902,德国数学家)在 1896 年和伯恩斯坦 (Felix Bernstein,1878—1956,德国数学家)在 1898 年相互独立地给出的见于**第一篇论文**的[484]页的定理 B,但是并未假设在任意两个基数中,其三个大小关系中必有一个成立(1900, pp. 16-18;1913,pp. 34-41;1908,pp. 10-12)。

(2)怀特海 (A. N. Whitehead *Amer. Journ. of Math.* vol. xxiv,1902,pp. 367-394)给出了基数的算术运算的准确表述的定义,以及各个算术运算法则的证明,请参看罗素的《原理》(*Principles*,pp. 117-120),其比较现代的形式可以参看怀特海和罗素的《原理》(*Principia*,vol. ii,pp. 66-186)。

(3)关于是否任意集合都可以化为良序集合的研究。康托相信这个问题会有肯定的回答(请参看 1900,pp. 49;1913,pp. 170,以及**导读**的 Ⅶ)。1904 年,策梅洛和施密特(Erhard Schmidt,1876—1959,德国数学家) 以最确定的形式把这个问题的深藏的基础的公设(即公理)显示出来了。后来策梅洛又以"**选择公理**"的形式表述了这个公设(见 1913,pp. 16,170-184;1908,pp. 33-36)。怀特海和罗素以极大的精确性在他们的著作《原理》(*Principia*,vol. i,Cambridge,1910,pp. 500-586)中处理了这个主题。可以指出,康托在他的**第一篇论文**的[493]页的定理 A 的证明,**第二篇论文**的[221]页的定理 C 的证明中都不自觉地应用了这个无穷选择的公理。① 还有哈代（Godfrey Harold Hardy, 1877—1947, 英国数学家）在1903 年证明在实数的连续统中可以有一个基数为 $\aleph_1$ 的集合时，也应用了这个公理，当然开始时还是不自觉的（见 1908, pp. 22-23）。

但是在试图证明任意集合都可以良序化时，有一个完全不同的问题突然发生了。布拉里-弗蒂（Cesare Burali-Forti）在 1897 年就已经指出，所有序数所成的序列（容易看到这也是一个良序集合）必以最大的序数 β 为其序型，但是这个序列的后一个序型必定是大于 β 的序数 $\beta+1$。布拉里-弗蒂由此得出结论，必须否定康托 1897 年的论文（即第二篇论文）的基本定理。茹尔丹（Philip E. B. Jourdain）在 1903 年写成 1904 年发表的论文（*Philosophical Magazine*, 6th series, vol. vii pp. 61-75）中则使用了一种与布拉里-弗蒂略（Burali-Forti）为不同的类似的论证。这篇文章的主要有趣的地方在于它包含了一种与康托 1895 年论文不同，但实际上完全一样的证明。在康托的第一篇论文 [496] 页的末尾，以及 [484] 页末尾对于定理 A 的说明中，都可以找到这种"完全一样"的痕迹。康托和茹尔丹的证明都有两个部分。在第一部分中先确定了每一个基数或者是一个阿列夫，或者是一个大于所有的阿列夫的数。这一部分中需要先证明策梅洛的公理；茹尔丹的证明的这一部分是直接取自上面提到的哈代的 1903 年的论文的，而康托则直接假设了所需的这个事实听起来是很有道理的。

定理的第二部分则是去证明大于所有阿列夫的基数这个假设是不可能的。对布拉里-弗蒂的论证稍加修改来证明不可能存在最大的阿列夫，这样得知任何一个基数都只能是一个阿列夫。

布拉里-弗蒂所发现的这个矛盾（悖论 paradox）是最为数学家们所熟知的，但是更简单的矛盾（悖论）则是罗素发现的（见 *Principles*, pp. 364-368, 102-107），当时他把康托在 1892 年的论证（这个论证见于第一篇论

① 实际上，我们在这里必须对可数多个集合所成的可数集合的元素应用这个公理。想要证明 $\aleph_0 \cdot \aleph_0 = \aleph_0$，只对一些特定的集合应用上述定理是不够的。在一般情况下，我们要从无穷多个类的每一个中各取一个元素，而此类中的元素是无法加以区分的。

文的[490]页）用于"**一切事物的基数**"①。罗素的这个悖论可以化为以下
形式：如果 w 是所有各项 x 构成的类，而这些都具有如下的性质，即 x 不
是 x 的元素，这时如果 w 是 w 的元素，则很明显，w 不是 w 的元素；而如果
w 不是 w 的元素，则同样很明显，w 是 w 的元素。这些悖论的处理和最终
的解决牵涉到逻辑学的基础，而且与著名的逻辑谜题"**埃皮门尼第斯**"
（Epimenedes）②密切相关，许多数学家对其进行了许多不成功的探讨，③
直到罗素才得到成功（见 *Prtinciples*, pp. 523-528；*Principia*, vol. i, pp. 26-
31, 39-60）④。

为了证明无穷大的两个定义是一致的，需要用到**第一篇论文**的
[490]页中的定理 A,（亦见**第一篇论文**的[495]页中的定理 D）。关于这
个问题可见罗素的《原理》（*Principles*, pp. 121-123；*Principia*, vol. i, pp.
569-666；vol. ii, pp. 187-298）。

（4）茹尔丹在 1904 年和 1908 年关于一般的数类和阿列夫的算术的
研究，以及海森伯格（Gerhard Hessenberg, 1874—1925, 德国数学家）在
1906 年的研究。⑤（参看 1913, pp. 131-136；1908, pp. 13-14）

（5）豪斯多夫在 1903—1907 年期间关于无穷多个序型乘积的定义以
及序型指数的定义。这些定义很像康托在**第一篇论文**的[487]页的（4）中

---

① 这个论证其实罗素在 1900 年就已经得到了（见 *Monist*, Jan. 1912）。不论是康托还是茹
尔丹都几乎不使用悖论一词，而称之为矛盾。本书中使用悖论这个词的地方很可能是别人或者
中译者加的。从这里起，中译者将在目前通用悖论一词处直接使用悖论这个词，而不再用"矛盾
（悖论）"这样的说法了。——中译者注
② 埃皮门尼第斯是大约公元前 6 至公元前 7 世纪的半神秘的哲学家和预言者，是克里特
人。所谓埃皮门尼第斯悖论简单地说就是说他宣称："所有的克里特人都是说谎者。"如果这句
话是真的，那么他就没有说谎，而"所有的克里特人都是说谎者"这句话就不真；而如果这句话不
真，而他作为克里特人也就在说谎，所以"所有的克里特人都是说谎者"这句话就为真。而说有一
个人说"我在说谎"则更接近与罗素的 w。[这里中译者作了一些文字的修正。——中译者注]
③ 舍恩弗里斯的 1908 年和 1913 年两篇报告用了大得不相称的篇幅来"解决"这里提到的
悖论。这个"解决"实质上就是说这些悖论不属于"数学"，而属于"哲学"。还可以提一下，舍恩
弗里斯似乎从来没有真正掌握策梅洛的公理的含义和范围。罗素称此公理为"乘法公理"（mul-
plicative axiom）。
④ 这一段话下面简称为：罗素的 w。其中用到的"类"和"项"都是罗素的著作中的术语，
它们与"集合"和"元素"的关系很复杂，我们不能在此讨论。——中译者注
⑤ 正如在研究 $\aleph_0$ 乘 $\aleph_0$ 时一样，对于这里所考虑的更一般的定理，也需要用到乘法公理。

所给出的基数的指数的定义①（请参看 1913，pp. 75-80；1908，pp. 42-45）。

（6）柯尼西（Julius König，匈牙利文拼写为 König Gyula，1849—1913，匈牙利数学家）给出某些基数的不等式（1904 年）的定理，策梅洛和茹尔丹在 1908 年对这些不等式以及康托的一个不等式的独立推广（参看 1908，pp. 16-17；1913，pp. 65-67）。

（7）豪斯多夫 1906—1908 年间对线性有序集合的研究（参看 1913，pp. 185-205；1908，pp. 40-71）。

（8）黎兹（Frigyes Riesz，匈牙利文拼写为 Riesz Frigyes，1880—1956，匈牙利数学家）在 1903 年和布劳威尔在 1913 年关于多重无穷有序集合的序型的研究（参看 1913，pp. 85-87）。

① 请参看 Jourdain，*Mess. of Math.* （2），vol. xxxvi，May 1906，pp. 13-16。

译后记

齐民友

Postscript of Chinese Version

> 要教好一门课,首先要真正懂得这门课好在哪里,值得自己努力去教,这样才能满怀热情地去教;对于学生,首先要让他感觉到这门课真好,值得自己努力去学,这样他才会满怀热情地去学。
>
> ——康宏逵

　　本来,写一篇译后记应该是介绍康托这部著作何以是一部经典,或者它现在又获得了什么新的意义,但是,这是我能够做的事吗?有了茹尔丹的**导读**在,谁还能再写一篇**导读**呢?

　　我翻译这本书,是为了纪念我的挚友——逻辑学家康宏逵教授,借此机会介绍一种做学问,甚至是做人的一种理念,一种态度。

　　我是在 1962 年认识他的。那时学校里教学秩序很乱,校长李达非常忧虑,于是召开了一次(大概也是武汉大学历史上唯一的一次)教学经验交流会,当时康宏逵还不到 30 岁,是在大会上作报告的人中最年轻的一位。这类大会照例都是官样文章多于实际内容。大家都听得无精打采的。然而,真正使我惊醒的,是康宏逵报告中这样一段话,大意是:

　　要教好一门课,首先要真正懂得这门课好在哪里,值得自己努力去教,这样才能满怀热情地去教;对于学生,首先要让他感觉到这门课真好,值得自己努力去学,这样他才会满怀热情地去学。

　　他讲的这两个“**满怀热情**”使我很震动,尽管时光已经过去了六十多年,其他一切我都不记得了,但是这两个**满怀热情**,却言犹在耳,宛如昨日!不过,在译完康托《超穷数理论基础》这部经典著作后,我却想把这里的**热情**改成英文“passion”,也就是贝多芬的著名钢琴奏鸣曲 *Passion*(《**热情奏鸣曲**》,原名 *Appassionate*)的那种热情,而不是当前演艺界经常提供给我们的那种浅薄甚至令人作呕的“热情”场面。我想,康宏逵是会同意我用这样的“热情”,去对待康托的著作的。

　　在这里,passion 是一种对于某种信念的追求,愿意为它付出一切代价,甚至作出牺牲。passion 有时是快乐的,但有时却是悲壮的。带着这样一种 passion,把自己奉献给真理,奉献给一门科学或者艺术,都是幸福的。现在,大家都在议论怎样办大学,如果大学不能在学生中培育出这样一种 passion,能说这是一所好的大学吗?

　　在这次会议后不久,康宏逵自己跑到我屋里来了。那时,我们互相并

◀齐民友(1930—2021),武汉大学原校长、数学与统计学院教授,数学家、教育家、偏微分方程专家。

不认识。他也不需要别人介绍，就主动说，希望我能帮他在数学系的图书室里找 Polya 的 *How to Solve It* (《怎样解题》)一书。这是一本名著，当时我还有它最早的中文译本，是一位前辈老师在我高中毕业时送给我的，是中华书局 1948 年出版的，许多读者都不知道它还有这个版本。我非常喜欢这本书，而且在学习和教学中受益匪浅。

然后，我们一起去了图书室，借到了这本书的英文版，而且谈了不少关于书的事情。这件事本来平常不过，在武大却不多见。各系的图书室又不对外系开放，怎么会直接借书给你？康宏逵找到我，大概也是没有别的办法。

后来我知道他在读拉卡托斯(Imre Lakatos)的《证明与反驳》(*Proof and Refutation*)。其实，当时这本书还没有成书，还是杂志上的文章。康宏逵看的也是一本杂志，也不知道他是从哪里找到的。试想当时的气氛，一个年轻人，在没有领导的"指示"的情况下，去阅读而且后来还想去翻译它，至少这种"名利思想"是太严重了！

拉卡托斯是数学哲学里独树一帜的人物。原来，还有"数学哲学"这么一门学问，对于我来说实在是新鲜事！尤其是在淘书过程中，发现数学系还有一本 Nagel 和 Newman 的 *Gödel's Proof*(《哥德尔的证明》)，我这是第一次见到哥德尔这个名字。总而言之，实际上是康宏逵帮助我更多。

从当时到 1987 年《证明与反驳》的中译本由上海译文出版社出版，前后应该有二十多年。在那样的条件下，能够把自己的译稿保存并且修改(康宏逵开始翻译时，该书英文版还没有成书)，实在不易。

他对自己如此严格，对我也是一样。有一段时间，非标准分析甚为风行。我问过他的看法，他只短短一句话，叫我看一下张辰中(C. C. Chang)的《模型论》(*Model Theory*)。我当然明白他的意思：不要人云亦云，浅尝辄止。

改革开放以后，有一次我和同学们谈起哥德尔定理，因为我并不真懂，当时流行的各种说法又很多，我谈了自己的看法。康宏逵说"你的说法也是错的，只不过比别人好一点"；他还说我"你年纪大了。老糊涂了，有些问题你是不可能搞懂的"。当时没有办法搞懂这个极其诱人的理论，自然是一件憾事，可康宏逵说的是实话。几十年来，康宏逵对我从来都是直言相告。他的真意,仍是要我真正深入一点,不要人云亦云,浅尝辄止。

许多人都说,康宏逵对人太严格,叫人受不了。举一个例子,有一次他在一篇文章里看到"教堂墓地和本生"的说法,让我帮他查一下到底是怎么回事。其实很简单,**"教堂墓地"**就是 Kirchhof,这是一个德文字,就是"教堂里的墓地",但这里的 Kirchhoff 是德国大物理学家**基尔霍夫**(德国人也怪,原来是 Kirchhof,加一个字母 f,就这么给一位大物理学家起了这么不吉利的名字?)。**本生**则是一位化学家,他和基尔霍夫合作,在光谱分析上有大贡献。这些本来都是常识,但是因为我不是物理系的人,康宏逵怕我搞错,给我打过好几次电话追问。我后来把在维基百科上的词条寄给他才完事。当时,我们二人都对这篇"文章"说了许多不好听的话。我至今不知道是谁"写"的这篇文章,而且这样的事发生不止一次。

我总觉得,人们时常责怪批评者太尖锐叫人受不了,但是少有人想一下这样的"文章"读者怎样受得了。实际上,除了学术问题之外,我自从认识康宏逵以来,几十年没有听他讲过一次别人家长里短的闲话和坏话。对于一些人品不佳者,康宏逵确实不愿理会他们,有时也很不客气,可是这也算问题吗?

现在还是回到《超穷数理论基础》这本书的翻译过程吧。这本书里面几次提到著名数学家哈代(Godfrey Harold Hardy,1877—1947)。哈代写过一本《纯粹数学教程》(*A Course of Pure Mathematics*)。这是一部名著,我认为至今仍有意义。书后有一个附录 IV:*The infinite in analysis and geometry*(《分析和几何中的无穷大》)。其中说到分析中的无穷大是一个变量的极限,而例如射影几何中的无穷远直线则是固定的。我读过此书,一直不懂这里究竟是在讲什么。于是我就此请教康宏逵。他的回答很简单,叫我去读康托和茹尔丹的这本书。我当时虽然浏览了,可是仍然糊涂。这次翻译《超穷数理论基础》,才比较认真地读了。

原来,在茹尔丹写的**导读**的第VII节一开始,就讲到康托认为必须分清这两种无穷大。我体会这正是康托超穷数理论的出发点,但其深意我不敢说有真正的理解。哈代与康托有什么关系?为什么在哈代写的这本数学分析教材里会讲到康托的理论呢?《超穷数理论基础》讲到哈代,是茹尔丹在其撰写的**注释**中关于 1897 年以后集合论的发展第(3)点中。

我怎么会想到哈代呢？原因是我翻译过一本拉马努金（Ramanujan）的传记《知无涯者》（*The Man Who Knew Infinity*）。这本书讲的是传奇式的印度数学家拉马努金的故事。我们知道，哈代对于拉马努金的成长起了决定性的作用，所以书中许多章节涉及哈代，特别是第四章。其中最令人深思的是讲到哈代是在什么样的氛围中成长的。这些论述使我越来越感到真正对我们有启发的是，哈代的生活道路与康宏逵数十年前在武大教学经验交流会上的那次发言，有许多共通之处。我在前面说过，这个发言主旨就是：**要教好一门课，首先要真正懂得这门课好在哪里，值得自己努力去教，这样才能满怀热情地去教；对于学生，首先要让他感觉到这门课真好，值得自己努力去学，这样他才会满怀热情地去学。**

《知无涯者》一书里讲到，哈代和罗素同为剑桥一个非公开组织"**使徒社**"（Apostles）的成员，这个使徒社有点像我们现在说的"群"，是剑桥的精英们的一个群。使徒社里的学术气氛是怎样的呢？对此，罗素（他比哈代早 6 年加入使徒社）写道："**这里百无禁忌，毫无限制……我们讨论世间万事，不够成熟是难免的，可是那种海阔天空，颐指气使的气派是成年以后所不会有的。**"

这个情况说明，使徒社提供了一种学术氛围：为年轻人提供了一种具有高度包容性、提倡创新的环境。这当然是促使他们成长的最重要的因素。正是在 1900—1920 年这 20 年里，罗素用极大精力研究数学基础，倡导数学的逻辑主义，并取得极大成功；他对选择公理的研究，正是其成就的一个重要的组成部分。哈代虽然是以对分析数学（特别是解析数论）的重大贡献而知名于世，但以他的才华和对于数学发展的敏感性，他能够不在自己的著作中有所反映吗？

在《超穷数理论基础》茹尔丹的**注释**中，关于 1897 年以后集合论的发展第（3）点中，比较详细地讲了这个情况，其中也就讲到哈代"**不自觉地**"应用了选择公理，这正表现了罗素所说的"**不够成熟是难免的**"（其实**注释**中的那一段话里也说到康托本人对于选择公理也不那么明确，而罗素自己也把选择公理称为"**乘法公理**"，似乎有点仅仅着眼于阿列夫的乘法）。一个合理的推论是哈代也参与了这个研究的热潮，甚至把这方面的知识放进了他为学生们写的基础课教材中（上面说的附录 IV 只是在《纯粹数学教程》以后的版次中才出现的）。我在前面说过当时我读了这个附录感到糊里糊涂，并不是说这个附录把射影几何讲得糊里糊涂（实际上讲得非常清楚），而是说这个附录没有说明它与罗素的研究的关系。

我们不妨把康宏逵发言的要旨改几个字就明白哈代当时在做什么了，方括弧里的字是我改动的：[哈代]**真正懂得**[罗素和康托]**的研究好在哪里**，[**因此自己也努力参与，而且是满怀热情地去参与**]；对于学生，[**哈代也**]让他们感觉到[**罗素和康托的研究**]**真好，值得**[**他们**]**努力去学，而且是满怀热情地去学**。教和学的动力都来自一种热情（passion）。正是这种 passion，使得教和学双方的努力交融与共鸣，才是取得成功的根本原由。这样的教和学的方式的精髓何在？就在于教学双方都**明白了罗素的研究好在哪里**。passion **就由此而来**。如果要问，现在大学里的教学有哪些根本性的不足，这不是其中之一吗？

我们也应该注意哈代对于"教书"的态度。《知无涯者》150 页说到哈代对于教学的主张就是穆尔（又译为"摩尔"，George Edward Moore，1873—1958，英国著名哲学家，被罗素和哈代尊为"教父"）的主张，其实穆尔在哲学上是罗素的论敌。在有的书里，还说到罗素怎样用逻辑调侃穆尔、证明罗素就是上帝（也有的地方说是哈代干的这件事），但是罗素和哈代在教书上的主张可以说正是穆尔的《伦理学原理》在教学领域中的实践，而穆尔这本书在《知无涯者》里被称为"**解放宣言**"。由此可见，跨学科的交流在使徒社里是非常普遍又非常活泼的。这一点当然很值得我们认真思考。

这个宣言在《知无涯者》150 页里被概括为："[**真、爱、美也需要仔细界定**]**以免遭遵守道德观之需的玷污。无用的知识比有实用价值的常识可贵，外在美不如内在美，马上受益不如等待后效。**"这里我要说明，并不是我同意穆尔的主张，尤其不是说康宏逵是这样的主张，而且时隔将近百年，完全有必要重新审视《知无涯者》一书里宣扬的许多看法，包括哈代的看法。但是有一点可以肯定：**对研究和教学的态度同样是人的理念和生活道路的体现**。《知无涯者》里好些地方，特别是第四章里的哈代学派一节，都表现了哈代对于青年学生的爱护和尊重：一切都是为了学生的成长，为了他一生做人，也就是对待学生同样要以那种 passion 为出发点。

这一点我想康宏逵是会同意的,因为他是这样做的,而且对于当前不少教师的思想表现,他一再表示痛心疾首。

我利用这次翻译康托著作的机会再次阅读了《纯粹数学教程》的第一章。此书于1908年问世,哈代时年仅31岁。我必须承认,我受到了震撼。我所读过的**一切**数学分析教材(就是相当于我们的数学系的数学分析课程的教材),没有一本写得如这本书那样清晰。哈代这本书没有一点含混之处,所有的概念都得到了明确的交代,所有的定理都得到了证明;从范围来说,从自然数直到复数,包括定义、运算、性质等,很少有一本教材讲得那么仔细;从深度来说,一直到有理数的戴德金分割定义了实数,而实数的戴德金分割再不能给出新的数类的证明,都进行了清晰的阐述。我想,现在我们的大学数学系的学生,一直到学了泛函分析或者点集拓扑学,也未必理解得那么深!

我想把《纯粹数学教程》的这一章与《超穷数理论基础》**英文导读**§Ⅳ讲的魏尔斯特拉斯所做的工作比较一下。后者的出发点是假设有理数为已知的,其定义即两个自然数 p, q 之商 p/q,同时假设自然数的算术规律为已知的。但是对于自然数的理论,魏尔斯特拉斯并无真正的贡献。康托和茹尔丹的书中指出,这是由于当时逻辑学还没有后来如皮亚诺、弗雷格,特别是罗素所做出的那些贡献。但是有一点魏尔斯特拉斯是非常明确的,即**应该避免几何直觉**,特别是无理数理论的建立必须避免"**极限概念**",因为例如定义无理数为有理数的柯西序列 $\{a_n\}$ 的极限就会陷于循环论证的逻辑错误,没有无理数理论就不可能有极限理论!因此,魏尔斯特拉斯和柯西是很不相同的。

我们现在都说魏尔斯特拉斯的理论是"**算术化**"(arithmetization)了的理论,而与柯西的理论相对立。魏尔斯特拉斯并不认为他的无理数就是简单的数,而是一种"**数性的量**"(numerical quantity)。所谓"数性",即数的性质,一是可以比较大小,二是可以做算术运算。魏尔斯特拉斯先是给了这种"**数性的量**"以形式的定义。虽然他没有明说,但实际上就是无穷的十进小数,它们自然地收敛,也可以按照幂级数的规则来进行运算。这一点他同样没有明说。但是,在《超穷数理论基础》**英文导读**§Ⅳ里也非常明确:魏尔斯特拉斯的这些"**数性的量**"只不过是有理数的集合。这一点在后来出版的较好的教材中越来越清楚。正如罗素所指出的,其重要的优点在于可以避免极限概念,而可以用来建立极限理论。这个理论最要紧的是,包括了极限点,上下确界理论,上下极限等,就是我们现在的数学分析教材中的极限理论。

进一步讲到康托。他的出发点是自然数。康托用他的几个**生成原理**来逐步生成**"新数"**(emumerals)。**康托把这一过程叫作生成新数的辩证过程**。这样,读者就会明白,为什么康托费了那么大的劲去讲如何决定**新数**的大小,去讨论各种运算律(如交换律、结合律、分配律)是否仍然成立。原因很简单,因为新数已经不再是原来我们所了解的"数"了,所以一切都得从头做起。**新数**中包含了**超穷数**,就是把各种各样的无穷大都当成了**数**。正因为这样,**这是康托的超穷数理论的全部出发点**。在《超穷数理论基础》**导读**§ Ⅷ里,引用了康托 1884 年的一封信,其中说超穷数在某种意义下好比一种无理数,其最好的讲法就是哈代在《**纯粹数学教程**》中的讲法。

从罗素、哈代、弗雷格直到康托,走的是同一条路子,就是罗素-康托的算术化(也就是逻辑化)的路子。哈代甚至在《**纯粹数学教程**》第一章里直接引用了罗素的名言:**数学是这样一个科目,在其中我们不知道我们谈论的是什么,也不知道我们所说的是否为真**(Mathematics may be defined as the subject in which we never know what we are talking about, nor whether what we are saying is true)。哈代接着说,这段话貌似奇谈,但是包含了许多重要的真理;只不过因为篇幅所限未能详谈,只好待诸来日。

尤其值得注意的是,哈代并未停留在一般地、抽象地谈论一下例如戴德金分割,他还安排了不少习题。哈代把习题称为 Examples,其数量和难度超过了现在国内通行的《吉米多维奇数学分析习题集》。哈代的书中有一些 Examples 取自剑桥的 Tripos 考试。哈代对于 Tripos 的看法,在《**知无涯者**》中讲得很明白:并非全盘否定,而且他所选定题目也不是太难。看来,哈代这样做的目的是,他不仅希望学生一般地知道一点实数理论的概念,还希望学生自己也能解决一些其中的问题(哪怕简单一点的问题也是好的)。哈代对学生的要求,正如在《**知无涯者**》150 页里穆尔所说的:"[**真、爱、美也需要仔细界定**]以免遭遵守道德观之需的玷污。无用的知识比有实用价值的常识可贵,外在美不如内在美,马上受益不如等待后效。"

上面,我从研究和教书两个角度,以哈代为例说明了康宏逵的发言的要旨:[哈代]真正懂得 [罗素和康托] 的研究好在哪里,[因此自己也努力参与,而且是满怀热情地去参与];对于学生,[哈代也]让他们感觉到 [罗素和康托的研究]真好,值得 [他们]努力去学,而且是满怀热情地去学。教和学的动力都来自一种**热情**(passion)。

既然讲到哈代,就不能不提到他是一位杰出的教师(在《知无涯者》的**哈代学派**一节中有详细的介绍),这当然要归功于哈代深厚的文化功底。他对英文散文的造诣该书也讲了不少,只不过对于我们这些不以英语为母语的人来说,议论哈代的英文有点可笑。但是,当我们读到哈代这本《纯粹数学教程》的英文版时,仍然可以感到其文字之流畅、生动、引人入胜。譬如第一章,虽然内容丰富,却只占用了 40 页的篇幅,而且读起来不感到匆忙急迫,也不感到原文有丢三落四的毛病,所以读这种书实在是一种享受。这也说明,做一个好教师,必须有多方面的素养。

至此还留下一个问题,上面是以哈代为例来解释康宏逵的发言的要旨,这对于哈代这样的巨人当然是很有说服力的。但是,对于我们这些普通的人,哪有"资格"来这样要求自己和学生呢?

但是,看了《知无涯者》的**哈代学派**一节,却感到释然于心,是因为那里引用了穆尔的那一段被称为"**解放宣言**"的话:"[真、爱、美也需要仔细界定]以免遭遵守道德观之需的玷污。无用的知识比有实用价值的常识可贵,外在美不如内在美,马上受益不如等待后效。"这样看来,我们所追求的是真、善、美;这种追求是一种生活态度。我们应该让人们(现在主要是指学生)知道:还有这样一种人生,人的一生是可以这样度过的,这与一个人在某一门学问或艺术上的造诣没有关系。

很明显,康宏逵发言的要旨,不止在于做好学问,而是首先要做好一个人:用中国人习惯的语言来说,就是人要有一个**寄托**,要以某种**高尚的理想为生活的目的**,而不受流俗的时尚之影响,这是一种幸福。一个普通的教师虽然不可能与哈代、罗素有同等伟大的成就,或者不以数学为职业,当然也不一定知道穆尔的言论,但是在他的工作、生活中也可以体现出这种人生态度,**找到自己精神的寄托**。我以为,康宏逵的发言要旨和哈代的研究和教书的实践,确实是相通的。

下面我们还是回到有关数学基础和逻辑学的问题上。康宏逵发言的要旨说明,不论是做好研究,还是教好书,都有一个前提,就是要**真正懂得这门课好在哪里。这门课在此,就是指康托与罗素的伟大创造。**其实,康托的著作作为一本经典著作有它自己特殊的吸引力,它会逼着你去思考这是怎么一回事。我因此就不由自主地来思考**康托以及罗素的著作好在哪里。抱着这样一种心理,在翻译完**茹尔丹的导读以后,我就开始来写我在翻译过程中的一点**体会**,结果就成了很长一段文字。下面,我仍想借此机会讲一下应该重说的一些问题。

首先是康托关于所有集合都可以良序化的结果。我在**体会**中承认,迄今我没有找到一个通俗但又可靠的证明,而只能引述一本标准的可靠教材。但是康宏逵当年向我指出的主要还是关于哥德尔定理的问题。非常遗憾的是,至今我仍然无法给出一个我自己认为可以交卷的答案。不过,我可以举出一篇靠得住的文章,费佛曼(Solomon Feferman)在普林斯顿高等研究所哥德尔百周年纪念(Gödel Centenary Program)中的《**哥德尔不完全性定理的本质和意义**》(*The nature and significance of Gödel's incompleteness theorems*)一文。

看了这篇文章后,我知道现时学术界都公认哥德尔是 20 世纪最重要的思想家之一。哥德尔定理就其重要性而言,实在不亚于物理学中的不确定性原理、广义相对论,图灵机停机问题不可判定的结果,以及人类的智慧与计算机的关系等。正因为如此,对哥德尔定理又有了各种不同的解释,很难用简单的对或错来说明。康宏逵曾经翻译了**王浩**著的《**哥德尔**》(*Reflections on Kurt Gödel*)一书。书中对哥德尔的思想论述得相当透彻,特别希望读者读一下王浩先生为其中译本写的序言。

我不想在得到康宏逵的帮助以前再多谈这篇文章,而想先陈述一些历史事实。

1930 年 9 月 8 日,在 Königsberg(**哥尼斯堡**,现在属俄罗斯,更名**加里宁格勒**)一次由三个学术团体组织的关于数学哲学的会议上,有一场庆祝希尔伯特 68 岁生日并纪念他即将从格丁根退休的讲演会。希尔伯特为自己的数学纲领作了有力的阐述。在这个演说中,希尔伯特说:"对于数学家,没有不可知事物(Ignorabimus),而且在我看来,对于所有的自然科学也都如此……谁也没有找到不可解的问题的真正原因在于根本没一不可解决的问题。和愚蠢的不可知事物相对立,我们的口号是:我们必须知道,我们一定也会知道"。这句名言被作为希尔伯特的墓志铭,镌刻在他位于格丁根的墓碑上。这样,希尔伯特就哲学家埃米尔·杜布瓦-雷蒙(Emil du Bois-Reymond)的怀疑主义口号"我们并不知道,也永远不会知道"响亮地给出了一个回击。

这时出现了戏剧性的一幕。哥德尔参加了这次会议,可是他并没有去听希尔伯特的演说。看来,哥德尔和希尔伯特终身没有见过面,他只得到了在小组会发言的机会。于是哥德尔就下面这篇著名的文章做了发言:*Über formal unentscheidbare Sätze der Principia Mathematica und verwandter Systeme*, *I*(Monatshefte für Mathematik und Physik, v. 38 n. 1, 1931, pp. 173-198)。这篇论文当时还没有发表,而听众的反应也比较冷漠。只有冯·诺伊曼(John von Neumann,1903—1957,他在数学、物理学、计算机科学、经济学、博弈论等方面都有伟大的贡献,在核武器方面也起过极其重要的作用)上去和哥德尔谈了一阵。哥德尔这篇论文只谈到所谓第一不完全性定理,而没有介绍更重要的**第二不完全性定理**。但是,冯·诺伊曼在会后几个星期之内就写信给哥德尔,宣布自己证明了**哥德尔的第二不完全性定理**。于是,哥德尔不得不把此文全文(包括第二不完全性定理的陈述,以及刊物的收稿日期)寄给冯·诺伊曼。也可能就是因为这个原因,此文原来计划还有第二部分等都没有发表。在上面提到的费佛曼的文章《哥德尔不完全性定理的本质和意义》讲了现存文献中引述了的第二部分,是经他整理的哥德尔的手稿或报告稿。

哥德尔的这篇非常重要的论文也非常难懂,所以费佛曼在这篇论文中把它重新陈述,并且指出几乎它的每一个字都需要重新解释。费佛曼表述如下:

哥德尔第一不完全性定理。在任意的充分强大的形式系统 *S* **中都有真的算术定理,在此形式系统中不可判定,即既不能证明也不能反证。**

这里最需要解释的就是"**充分强大的形式系统** *S*"何所指。费佛曼的文章似乎说是这样的意义:要有一种形式语言,和它的一组公理,这种语言包含了算术的语言,特别是包含了怀德海和罗素的巨著《数学原理》(*Principia Mathematica*),使之形式化,而且成为相容。在下面的**哥德尔第二不完全性定理**中也是如此。可是费佛曼的文章中完全没有提到《数学原理》,而代之以简单得多的**皮亚诺算术**(Piano Arithmetics,简记为 PA),相信读者都会看懂这一点,所以这里就不多说了。

哥德尔第二不完全性定理用任意的充分强大的形式系统 *S*,此形式系统的相容性都是不可判定的。或者说,如果限制使用 *S*,则既不可能证明 *S* 为相容的,也不可能否证 *S* 为相容的。

哥德尔第二不完全性定理的重要性在于,它直接否定了**希尔伯特纲领**。所谓希尔伯特纲领,具体地说就是,他在 20 世纪初期,为了克服数学基础中因悖论和不相容性而产生的危机所提出的一种解决方案。希尔伯特建议,把整个数学的基础奠定在一组有穷(这里我们不能不略去关于**希尔伯特有穷主义**的讨论)多个完全的公理之上,并且证明这些公理是相容的。希尔伯特还建议:比较复杂的数学系统如实分析的相容性,可以归结为比较简单的系统的相容性,因此最后归结为基础算术的相容性。这就是为什么我在上面只讨论算术的相容性的原因。这样,哥德尔的定理直接否定了实现希尔伯特纲领的可能性。

在得知了哥德尔的工作以后,希尔伯特陷入了深刻的危机中。希尔伯特的心情,可以想见和弗雷格得知罗素的发现使他处于无法摆脱的困境中一样。这个情况在希尔伯特的传记《**希尔伯特:数学世界的亚历山大**》一书中也有记述。希尔伯特晚景比较凄凉,据说参加送葬的不到 10 人,去世以后很久才向外界报告。这当然也和希特勒的统治有关;他的许多最亲近的学生如外尔,都被迫离开了格丁根。这个世界最重要的数学中心之一,就此走向衰败!

最后,我愿请读者和我一起来接受康宏逵的一份礼物:2004 年,我受到几位朋友的邀请,组织翻译由克莱因(M. Klein)主编的一本论文集《**现代世界中的数学**》(*Mathematics in Modern World*)。这本论文集是克莱因选辑了 20 世纪 60 年代发表在著名科普刊物《科学的美国人》(*Scientific American*)上的数学和计算机科学的文章而成的。作者中许多是有重大成就的科学家。按我的理解,读者应当就是与本书读者具有类似的数学水平,也就是相当于我们现在大学数学专业学生的水平。论文集分成五大部分,其中的第四部分**数学基础**由五篇论文构成。于是,我很自然地想到请康宏逵来翻译这些文章。他很爽快地接受了我的请求。有幸的是,这五篇论文除了第一篇哈恩的《**几何与直觉**》是一篇老文章以外,恰好都与《超穷数理论基础》的主题一致。所以,这五篇文章为有志于了解本书主题的读者提供了很大的帮助。下面我把其余四篇文章列出来,以供读者查阅:《**数学基础**》(蒯因),《**悖论**》(蒯因),《**非康托集论**》(科恩·赫尔希),《**哥德尔证明**》(内格尔·纽曼)。

这一部分有一个引言,是克莱因写的,也很有好处,值得一读。

我们不妨考虑一下,写这类文章的难处何在? 数学需要有一定的符号之助才能表述,而许多人怕数学就是因为怕这些符号。我在此书的译后记中说,科普作品最好是要做到**通而不俗**,回避或滥用符号时常是造成"俗"的主因,而"**通**"就是要把隐藏在符号后面的"**思想**"(idea)**凸显**出来。这当然是很不容易的。这里选的几篇文章在这方面都做出了很大的努力。例如说到形式语言,就把其中所用到的符号列表,或用实例(乍一看几乎是毫无意义的句子)也列成表;说到公理化集合论,这几篇文章就逐一列出了到底是哪几个公理。由于在不同文献中使用了不同的符号,现在统一为比较常用的,当然会增加不少便利。但是由于这一部分时常用于计算机科学,而目前高校开设离散数学课程的确很多,其中常用逻辑电路的名词,如"与""或""非"三种**逻辑连词**(或称逻辑门),有时又称为"合取"(conjunction,$\wedge$)、"析取"(disjunction,$\vee$)、"非"(negation,$\neg$)等,只好请读者自己注意了。

当然,更重要的是"**思想**"。把思想写透彻,或者说"写通",才是这几篇文章的价值所在。但这是我无法在此赘述的事,需要读者自己去下功夫。不过,我建议读者认真地读一下康宏逵写的那些附注。**这是康宏逵送给读者的礼物**,读者需要赋予相当的 passion。可以说,如果读者自身没有一点 passion.,仅想从外面得到 passion,那是不可能的。

2019 年 1 月 20 日

于武昌珞珈山

科学元典丛书

全新改版·华美精装·大字彩图·书房必藏

科学元典丛书，销量超过 **100** 万册！

——你收藏的不仅仅是"纸"的艺术品，更是两千年人类文明史！

科学元典丛书（彩图珍藏版）除了沿袭丛书之前的优势和特色之外，还新增了三大亮点：

①增加了数百幅插图。

②增加了专家的"音频＋视频＋图文"导读。

③装帧设计全面升级，更典雅、更值得收藏。

名作名译·名家导读

《物种起源》由舒德干领衔翻译，他是中国科学院院士，国家自然科学奖一等奖获得者，西北大学早期生命研究所所长，西北大学博物馆馆长。2015 年，舒德干教授重走达尔文航路，以高级科学顾问身份前往加拉帕戈斯群岛考察，幸运地目睹了达尔文在《物种起源》中描述的部分生物和进化证据。本书也由他亲自"音频＋视频＋图文"导读。

《自然哲学之数学原理》译者王克迪，系北京大学博士，中共中央党校教授、现代科学技术与科技哲学教研室主任。在英伦访学期间，曾多次寻访牛顿生活、学习和工作过的圣迹，对牛顿的思想有深入的研究。本书亦由他亲自"音频＋视频＋图文"导读。

《狭义与广义相对论浅说》译者杨润殷先生是著名学者、翻译家。校译者胡刚复（1892—1966）是中国近代物理学奠基人之一，著名的物理学家、教育家。本书由中国科学院李醒民教授撰写导读，中国科学院自然科学史研究所方在庆研究员"音频＋视频"导读。

《关于两门新科学的对话》译者北京大学物理学武际可教授，曾任中国力学学会副理事长、计算力学专业委员会副主任、《力学与实践》期刊主编、《固体力学学报》编委、吉林大学兼职教授。本书亦由他亲自导读。

《海陆的起源》由中国著名地理学家和地理教育家，南京师范大学教授李旭旦翻译，北京大学教授孙元林，华中师范大学教授张祖林，中国地质科学院彭立红、刘平宇等导读。

第二届中国出版政府奖（提名奖）
第三届中华优秀出版物奖（提名奖）
第五届国家图书馆文津图书奖第一名
中国大学出版社图书奖第九届优秀畅销书奖一等奖
2009年度全行业优秀畅销品种
2009年影响教师的100本图书
2009年度最值得一读的30本好书
2009年度引进版科技类优秀图书奖
第二届（2010年）百种优秀青春读物
第六届吴大猷科学普及著作奖佳作奖（中国台湾）
第二届"中国科普作家协会优秀科普作品奖"优秀奖
2012年全国优秀科普作品
2013年度教师喜爱的100本书

科学的旅程
（珍藏版）

雷·斯潘根贝格　戴安娜·莫泽 著

郭奕玲　陈蓉霞　沈慧君 译

物理学之美
（插图珍藏版）

杨建邺 著

500幅珍贵历史图片；震撼宇宙的思想之美

著名物理学家杨振宁作序推荐；
获北京市科协科普创作基金资助。

九堂简短有趣的通识课，带你倾听科学与诗的对话，
重访物理学史上那些美丽的瞬间，接近最真实的科学史。

第六届吴大猷科学普及著作奖
2012年全国优秀科普作品奖
第六届北京市优秀科普作品奖

美妙的数学
（插图珍藏版）

吴振奎 著

引导学生欣赏数学之美

揭示数学思维的底层逻辑

凸显数学文化与日常生活的关系

200余幅插图，数十个趣味小贴士和大师语录，全面展现
数、形、曲线、抽象、无穷等知识之美；
古老的数学，有说不完的故事，也有解不开的谜题。